5盆20元
打造居家小花园

绿活志编辑部　编著

河南科学技术出版社
·郑州·

20元的花时间

发现身边有许多爱花之人，闲暇时间总是喜欢“拈花惹草”。
很少有人看见艳丽的花色、伸展的叶子、冒出的新芽而不被感动。
和自然共存本来就是人的本能，如果没有太多的预算和空间，
不妨就从20元开始，打造属于自己的居家小花园。

一听到20元，一般人都会直呼：“怎么可能？”
本书就从这里开始，
从不同领域的达人身上看到这种可能性：

- 种子盆栽达人林惠兰老师口中“到处都有、到处都是”的种子，是她满室绿意的来源，看似平凡的种子，在她细心的观察和充满爱心的照料下，给予了她最直接的回馈。
- 园艺达人陆莉娟老师用了扦插魔法，让心爱的植物得以复制，甚至从1盆变10盆，真正生活在被花草包围的环境中。
- 花艺达人杨婷雅老师则用惜福的心，将生活中常见又不需花钱的素材打造成各式盆器，为质朴的植物们换上了时尚的新衣。
- 到花市走一圈，发现7盆20元、3盆20元的盆栽更是打点居家的好帮手，只要跟着花园杂货达人，选对植物、放对空间，让居家花园维持常青并非难事。

20元的花时间伸手可得，
就从现在开始动动手吧！

目　录

第一章

挑战——不花钱盆栽

第二章

挑战——DIY盆器

第三章

挑战——20元改造花空间

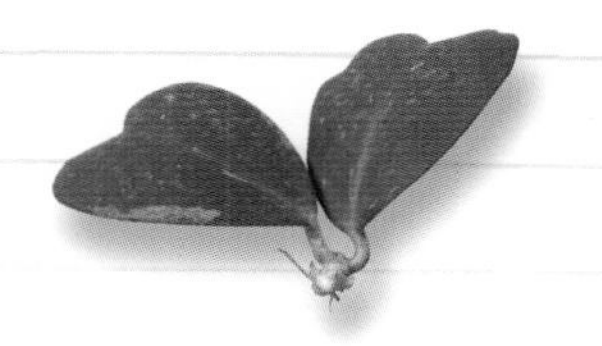

第四章

挑战——五堂维护花草的必修课

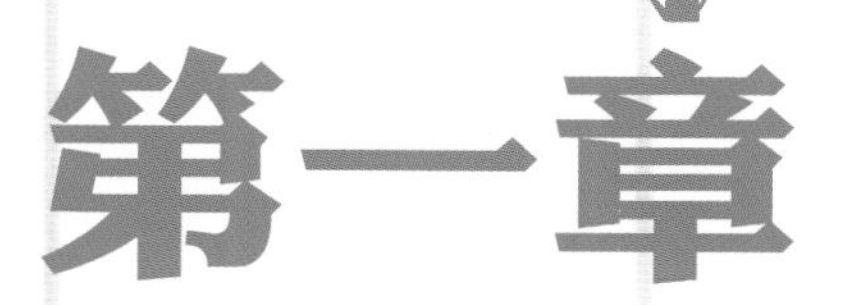

第一章 挑战——不花钱盆栽

不花钱就可以拥有天然绿生活?
听起来不可思议，其实一点都不难。
用现成的蔬果种子，变出一片室内小森林;
用一把剪刀剪下一段茎、一片叶，搭配一个10厘米深的花盆，
就能变换出举一反三的花草魔法。
从最基础的植物繁殖法开始，一起感受盆栽的丰富生命力吧!

随手可得的种子盆栽

小时候吃水果，妈妈常常叮嘱不要把种子吃进肚子里，不然种子发芽了，
会从肚子里长出水果来，这些当然是玩笑话。
不过吃完水果吐出的种子不要丢，收集起来，真的可以不花钱就种出一盆盆可爱的种子盆栽。

种子盆栽，顾名思义，就是将种子放入容器中种植，种子发芽之后会维持很长一段时间的幼苗状态。
将这些种子密集排列，发芽后就像是迷你的室内小森林一样，别有一番观赏与种植的乐趣。
对于想要拥有一片绿意而家里又没有充足光线的人，种子盆栽是再好不过的选择。

五个入门重点，挑战种子盆栽

初次种植不花钱的种子盆栽有哪些重点呢？种子盆栽达人林惠兰老师，和种子朝夕相处近二十年，凭她的经验，提供给第一次尝试种子盆栽的朋友五个入门的重点。

重点

1. 选择容易取得的新鲜种子——尽量选择当季且有资料可参考的种子，只要种子够新鲜，就有90%的发芽率了。

2. 使用无洞盆器——为了保持室内的清洁和种子盆栽的整齐划一，无洞的盆器是最好的选择。

3. 不要晒太阳——从发芽起，植物就已经适应了室内的环境，突然移植到户外，反而会加快其生命结束的速度。

4. 不施肥——种子盆栽在室内培植，施肥会让种子盆栽营养过剩，从而伤害到植物的生长。

5. 用喷壶喷水——用喷壶喷水，能均匀地给予适量的水分，这样可以避免过多的水分积在土里使植物烂根。

种子盆栽达人

林惠兰

和植物相处了近二十年，用爱心、信心、感恩之心对待每一粒种子，日日沉浸于种子盆栽旺盛的生命力及其独特的姿态与美感中，是生活中最大的喜悦。

林老师也持续地记录了和植物相处的每一刻，期望能让更多喜爱植物的读者排除对养护植物的恐惧，更期望能通过这样的分享，让绿意丰富每一个角落。

麻雀窝博客：
http://tw.myblog.yahoo.com/sparrow-home/

生活中的种子何处寻

要挑战不花钱的种子盆栽，第一步就是寻找种子，不过种子到底要去哪里找呢？

市场 超市

鳄梨、番石榴、柚子、柠檬……这些常见的水果，都能变成种子盆栽。

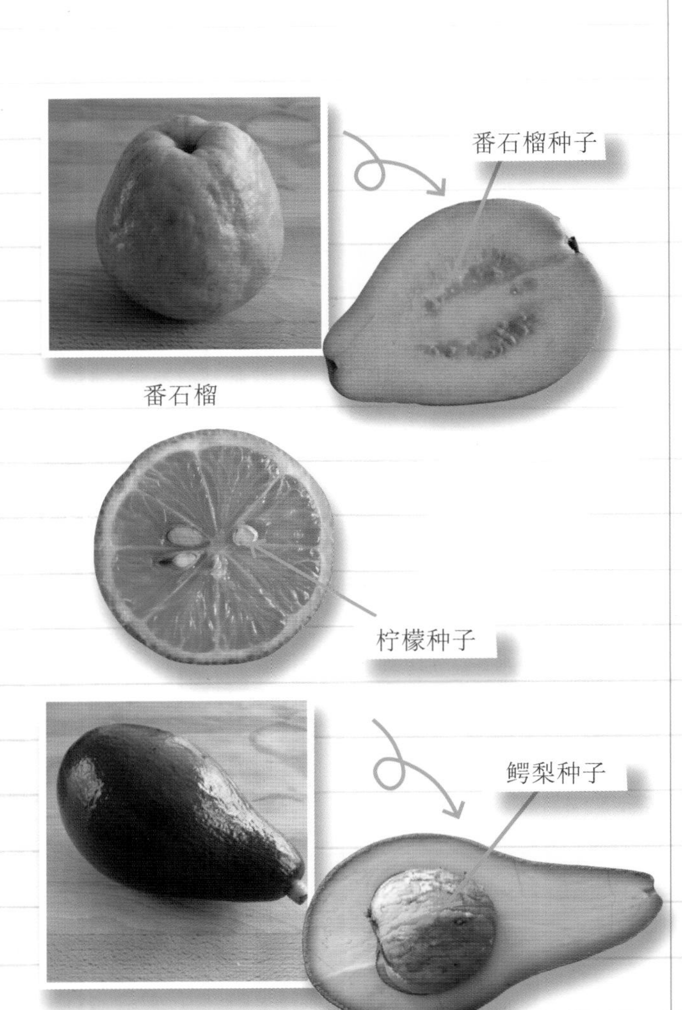

公园 校园 路旁

多在公园、路旁逛逛，像武竹、罗汉松、茄苳等路树的种子可以在路上捡到，它们也能种成室内的小森林。

罗汉松

罗汉松种子

茄苳

茄苳种子

十种适合居家栽植的种子盆栽

不论是食用的蔬果种子，还是随地可捡拾的路树种子，只要经过细心的栽植，都能从看似平凡的种子变成一盆盆室内小森林。你看得出这些种子长大之后会变成什么样子吗？准备揭晓答案啦！

1. 毛柿

种子取得｜毛柿又称为台湾黑檀，分布于中国台湾东部及南部地区的海岸，结果期在8至9月，果实可食用，种子则可用于栽植。

果实处理｜将种子洗净后泡水，每天搓洗换水至没有黏滑感，经过7～10天，看到根点后再栽种。

栽植要点｜用土培法栽种。生长时毛柿的种皮会慢慢地萎缩变黑，可以将种皮先剥掉，更能显出盆栽之美。

2. 鳄梨

种子取得｜鳄梨的主要产期为8至10月，如果不爱吃鳄梨，也可以问问果汁店老板是否有鳄梨种子。

果实处理｜鳄梨要剥去褐色的表皮，栽种起来才好看，先泡水一天，这样皮会比较好剥，之后要每天泡水换水至生根再栽种。

栽植要点｜用水培法栽种。栽种时要让根完全被麦饭石覆盖，加水时只要保持麦饭石高度的水量，约25天后开始发芽。

3. 槟榔

种子取得｜中国台湾栽种了大量槟榔树，从8月到来年1月可以在槟榔树下寻找捡拾。

果实处理｜槟榔种子要先洗净，再将其泡水，每天换水至生根再栽植，这样它就会很快长出新叶。

栽植要点｜可用水培法栽种。要让根完全被麦饭石覆盖，其美观之处在于根部和种子的纤维层，可套上麻绳，展开的纤维层就像小帽子一样。

4. 姜

种子取得｜一年四季几乎都可以买到姜，按季节不同市场上有老姜、粉姜和嫩姜之分，不论哪一种都可以种成蔬果盆栽。

果实处理｜栽植前要先把姜洗净，将上面的泥土和薄膜轻轻剥除。

栽植要点｜容器内铺上麦饭石，将姜底部的尖端朝下插入，用水培的方式栽植即可。

5. 穗花棋盘脚

种子取得｜从11月到来年2月可以在沿海湿地找到，也可以在部分花市买到，成熟的果实是红褐色的。

果实处理｜要先将种子外部洗净，也可以将褐色的果皮全部去掉，这样会加速生根发芽。

栽植要点｜将洗净的种子放在麦饭石上，喷水至没过麦饭石，约3周就会冒出新芽了。

6. 山刺番荔枝

种子取得｜原本被引进作为行道树，果实可食，有浓郁的香气，在中国台湾南部有零星种植，结果期为农历五至七月，可以在台湾南部当地果园购买。

果实处理｜种子要去除果肉，洗净泡水3～4天，注意天天都要换水。

栽植要点｜用土培法栽种，种子的黑点要向下排列。因为生长期比较长，要耐心等候，长到一定高度，种子会自动掉落。

7. 番石榴

种子取得｜几乎全年都可以在市场上买到不同品种的番石榴，不论是泰国番石榴还是红心番石榴都可以。

果实处理｜因为种子很小又黏着果肉，所以要把它倒入细纱布中泡水2～3天，然后搓洗到完全没有白色果肉为止，不然它容易发霉并会引来小虫子。

栽植要点｜沥干后的种子用水培的方式栽植，种子要用镊子排列整齐，间距约1颗种子，以免生长时叶片相互紧贴，容易枯烂。

8. 结球甘蓝

种子取得｜6至10月是结球甘蓝的主要产期，在市场上可以买到。

果实处理｜先剥去叶，做料理用，留下心，将菜梗修剪干净后，放在阴凉处静置两天，让叶子变软。

栽植要点｜将结球甘蓝心叶片摊开修剪后，直接用麦饭石水培即可，水量不要超过麦饭石，约10天后叶片就会慢慢变绿。

9. 咖啡

种子取得|在中国台湾的云林、南投和嘉义有咖啡栽培，各大花市也可以买到新鲜的果实或种子。

果实处理|成熟的咖啡果是红色的，采回来的果实要先泡水10天，让果实变软后取出种子，并将表面的薄膜去掉。

栽植要点|用土培的方式栽植，应以芽点朝下侧面排列，这样长出的种子盆栽才会美观。

10. 沉香

种子取得|沉香是一种香木，在中国台湾南部有种植，一般在8至9月结果。种子如果不容易捡拾，可联系网络上销售种子的卖家。

果实处理|果实呈果荚状，捡回来后，种子要剥壳后种植，须注意种子是否新鲜，萎缩的种子要舍弃。

栽植要点|用土培或水培的方式栽植皆可，应将尖端朝下排列。

六个步骤，弄懂种子盆栽

看到这么多姿态各异的种子盆栽，是不是很心动呢？其实种子变盆栽一点都不难，学会了基本的栽植方式就能应用在其他种子上，不妨就从今天吃的水果的种子开始尝试吧！

准备

龙眼种子、镊子、培养土、喷壶、麦饭石、保鲜膜

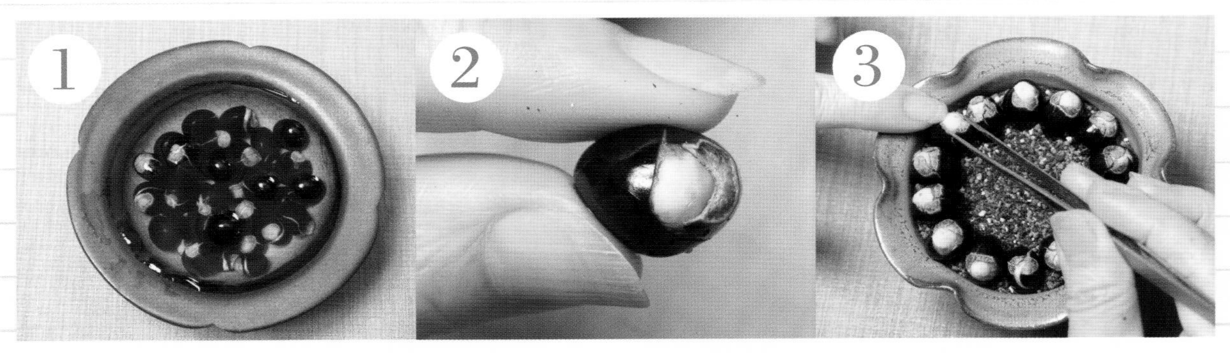

泡水。将种子去除果肉，彻底洗净，泡水约7天，每天都要漂洗换水。

捡选。检查泡过水的种子外壳是否裂开。

排列。捡选过的种子白色点向上平铺在培养土上，用镊子将种子直立着由外而内排列整齐。

浇水。在表面喷水4～5圈，如果水溢出来的话，可以等土壤将水分吸收后再喷水。

铺麦饭石。均匀铺上洗净的麦饭石，厚度约1厘米，须完全盖过种子。

盖上保鲜膜。表面用保鲜膜盖紧，以保持湿度，约3天后再浇水，大概20天后新芽就冒出来了。

长成的龙眼盆栽

B. 龙眼种子水培示范步骤

准备

龙眼种子、镊子、喷壶、麦饭石、保鲜膜

1 泡水。将种子去除果肉，彻底洗净，泡水约7天，每天都要漂洗换水。

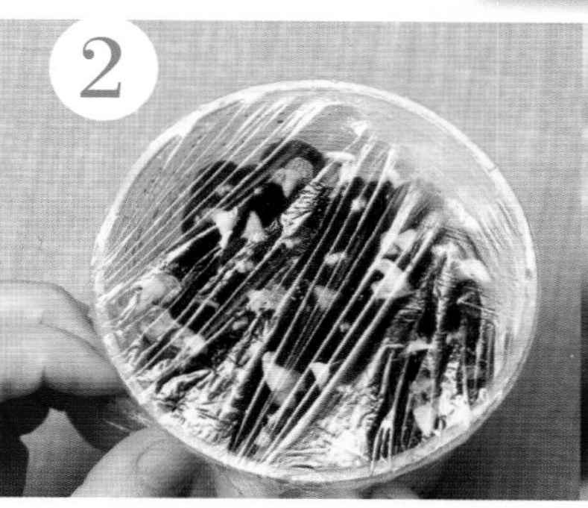

2 静置。检查泡过水的种子外壳是否裂开，将捡选过的种子放入容器中，用保鲜膜罩住。

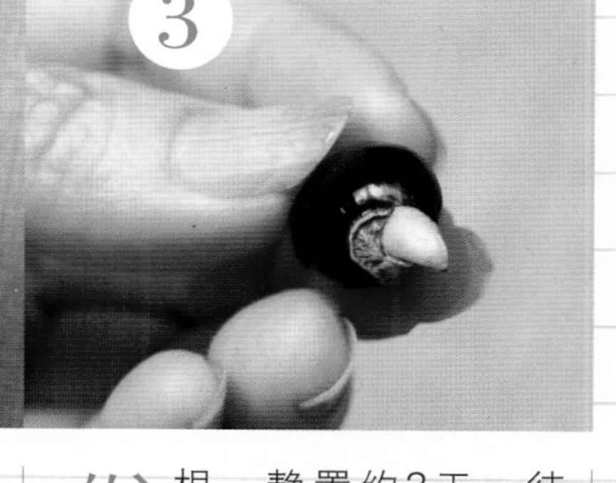

3 发根。静置约3天，待根点冒出。

4 排列。捡选过的种子白色点向下，将麦饭石挖个小洞铺入，用镊子将种子直立着由外而内排列整齐。要选择往内收口的盆器，这样容易固定位置。

5 加水。加水至九成满。

6 盖上保鲜膜。表面留少许空间后用保鲜膜盖紧，让种子可以扎实地生根，约20天后新芽就冒出来了。

十个问题，打通“任督二脉”

想要种子盆栽，心里却有不少疑惑，别担心，这里列出了最常见的十个问题，让你轻松进入种子盆栽的世界。

Q1 如何取得种子？如何处理？

泡水有助于催芽

A1 一般的种子多半是现成的蔬果种子，也可捡拾路边或近郊的树木种子。

四季盛产的各种蔬果，或是校园、公园、路边、野外的各种不同的树木种子，都可以作种子盆栽之用。熟悉了种子盆栽的栽种方式后，不妨到户外观察更多的植物，捡拾各种种子进行栽植，将自然带回家中。

取得新鲜的种子后，清洁是最重要、最基本的处理环节。

首先，将种子洗净后，搓洗掉果肉与黏膜。大多数种子需要泡水5～10天软化外壳，以提升种子的发芽率，而且每天都要冲洗换水，以免种子腐烂。

有些种子比较大，可以在栽植前剥除外壳。例如：吃完的柚子籽，先用小刀去壳，这样可以使种子不用突破外壳而加速发芽，种苗长出来也会更整齐。当然剥壳不是必要的工作，直接种植也可以。

Q2 种子盆栽的基本工具有哪些？

种子盆栽的基本工具

1. **土壤**——一定要用培养土，因为它透水、透气性佳，而且干净不带病虫，不会滋生细菌而影响种子发芽。土壤也不能含有机肥，否则可能会引来小黑蚊。这样才能给种子良好的生长环境。
2. **麦饭石**——麦饭石除了可以净化水质，覆盖在种子上，也能让根部往下扎得更牢固。
3. **喷壶**——直接浇水，水分容易分布不均匀，一旦积水，植物就有烂根的危险，所以，喷壶是必备的工具。
4. **尖嘴镊子**——要栽植出美观的种子森林，一定要把种子排列整齐。在排列小颗种子和整理麦饭石时，尖嘴镊子尤其重要。
5. **无洞盆器**——可以视植物特性选择合适的无洞盆器，其深浅、大小都是决定盆栽面貌的关键。

Q3 如何分辨种子是否新鲜和健康?

A3 在植物结果的季节，最容易找到新鲜的种子，健康的种子看起来饱满而完整。无法分辨时，也可以用水选法。泡水时，有些种子会浮在水面上，这些通常都是不健康的种子；有些浮在水面上的种子看起来和一般种子并无区别，但是轻轻一压就破了，表明种子的内部已经受损，可以直接捞起丢弃。

有舍才有得，要做好筛选工作，发芽率才能提升到接近100%。

Q4 取得种子后没有马上种，应该怎么处理?

A4 如果取得种子后不马上种植，仍然要把果肉洗净，去除所有容易腐烂的物质，风干1个月后，用密封袋装起来放在阴凉处，这样种子就会慢慢发芽，发芽后就可以移到土壤里种植了。不过最好趁着种子新鲜时马上栽种，发芽状况也会更好。

如果要攒2～3天才可以获得足够的种子，就可以将种子洗净后陆续泡水，原则上不超过7天，最后一起取出种植即可。

Q5 种子的排列有秘诀吗?

A5 种子盆栽追求整齐划一的排列之美，所以在排列种子时也要尽量整齐。

一般而言，种子是由外排到内，这样比较整齐。排列时要依种子大小排疏密，小种子如番石榴子，为了生长时不会挤成一团，就要保持一颗种子的间距，才能让植物顺利生长。

有时候土壤压得太密实了，可能使种子不易插进土壤中，从而妨碍排列。所以土壤倒进盆器后只须平铺，不要压实，这也是种子排列的小秘诀。

由外排到内，这样比较整齐

Q6 种子盆栽一定要用麦饭石吗?

A6 在种子上铺一层麦饭石，除了可以遮光，还可以让种子更容易发芽，同时也可以固定种子；另一个好处是外表看起来更加美观，不用担心种子被石头压着而无法发芽，因为种子不但能够突破这样的压力长出来，还会长得更好呢!

与麦饭石性质相同的介质还有珍珠石、贝壳砂等，但是麦饭石中含有钾和磷等矿物质，可以给予种子生长时所必需的养分，所以使用麦饭石为最佳。

不论用什么介质覆盖种子，一定要彻底洗净，清洗时要像洗米一样反复淘洗，直到水变得清澈为止。

覆盖麦饭石除了美观，也有净化水质的功用

Q7 盆器有特别的讲究吗?

A7 种子盆栽的容器并没有一定的限制。家里经常使用的花器或被淘汰的杯碗都可以，如果想要放在室内做装饰，可以选用与室内装潢相配的盆器，甚至准备可爱的塑料杯让小朋友一起玩也是不错的选择。但不论使用哪一种，都要选择无洞的盆器，如果容器本身就是有洞的，可以用胶带封住。

选择盆器时，心里要设想一下盆栽长成后的样子。如果希望营造出茂密的室内小森林，就要选择宽口的浅盆器，让盆栽可以呈现群聚的茂密感；有些盆栽（像鳄梨）追求的是线条之美，就可以选择窄口且有一定深度的盆器，更能衬托出盆栽之美。

相同的种子，也会因盆器不同而展现出不同的姿态

Q8 如何决定何时浇水？

A8 种子盆栽的照顾方式非常简单，不用施肥，只要室内的光线充足，再定时浇水，照顾得当的话，维持至少一年的常绿都没问题。

生长在室内的植物，基本上不需要天天浇水，大约两天喷水一次，每次来回喷三圈左右即可。有时因忙碌而忘了浇水，你会发现植物的叶子垂头丧气的，这时就要用加倍的水量来给它补充水分了。

如果因出国或旅游而无法及时为植物浇水，可以预先将盆栽放进比花盆略高的容器中，将水加至比花盆略高一些，这样就能维持一段时间而不用担心植物缺水了。

Q9 有些种子的芽点要朝上种，有些要朝下种，如何找出芽点呢？

A9 芽点是种子的生长点。每个种子的生长方向不尽相同，要在种之前找到芽点的位置，才能将种子摆对。

不清楚芽点该朝上还是朝下时，可以先将种子放入密封袋中，待种子长出根茎来，就可以轻松地把根往土里种了。

可以先让种子长出根点再种植

Q10 种子一般多久会发芽呢？管理上有什么技巧？

A10 种子一般的发芽时间为3～30天。种子陆续生根发芽后，就意味着种子盆栽要成功了，接着就可以准备欣赏桌上的小森林了。

种子的发芽率并非100%，有些种子可能会无法发芽或者腐烂，腐烂的种子会引来小飞虫和蚂蚁。这时不要害怕，可以取出这些坏掉的种子，小飞虫通常出现几天就会消失。如果很在意的话，可以先把它拿到室外没有直接日晒的地方放上几天，待小虫完全消失后再拿到室内。

也可以以1∶100的比例调制辣椒水喷洒于种子四周，小飞虫一闻到气味就不敢靠近了。

1盆变10盆的扦插魔法

小学有一堂自然课叫做“落地生根”，就是取几片落地生根的叶子，
铺在土里静置观察几天，慢慢地就会从叶缘长出根苗来。
后来才知道，这种用叶子繁殖的方式就是扦插的一种。

扦插繁殖法便是利用了植物自然再生的能力，
只要从健康的植株上剪取一小部分的根、茎或叶，
就能“复制”出另一盆完整、健康的植株。

想在短时间内不花钱便将植物装满居室，
或将亲友的漂亮植物“复制”到自己家中，
扦插可以说是最便利的免费栽植法。

三个入门重点，挑战扦插魔法

扦插的原理其实很简单，但到底第一次扦插该选择什么植物？有哪些注意事项呢？天天和花草为伍的陆莉娟老师给大家三个入门的重点。

重点

1. 选择健康的植株——母株要健康，才有可能复制出同样健康的植株。请记住要尽量避开开花期。

2. 剪取强健而有生命力的插穗——以常见的枝插法为例，多半是剪取植株上成熟而强健的顶芽枝条，所剪取的枝条一截要留有两三个节才容易成活。

3. 使用干净、不含有机肥的介质——可以减少植物生病的机会，只要将修整好的枝条、叶子插入介质中，就能发挥其1盆变10盆的惊人繁殖力了。

园艺达人

陆莉娟

从事绿化景观设计超过二十年，拥有丰富的园艺知识及实践经验，是一个实践派的花草生活家。她还在社区大学中授课，持续将自然绿意推广到大家的日常生活中。目前担任“天天都好菜”的博主。

天天都好菜博客
http://lilylu59.blogspot.com/

扦插小花草何处寻

扦插一般使用现有的盆栽进行繁殖，除了手头有的植物之外，到花市走一圈，你会发现许多3盆20元、5盆20元、7盆20元的观叶、多肉、香草、草花植物，除了价廉物美之外，如果照顾得当，还能够再次繁殖，发挥1盆变10盆的神奇魔法！

7盆20元 花草特区

这些每盆两三元的小花草，以香草和草花为主，需要良好的日照环境，花朵盛开时大量在花市中露面，过了花期，还可以用扦插的方式繁殖新株。让这些娇艳的花朵开满自家阳台吧！

羽叶薰衣草

太阳花

蓝星花

	7盆20元	日照需求	选购季节
1	非洲凤仙花	半日照至全日照	凉季
2	三色堇	全日照	凉季
3	五彩石竹	全日照	凉季
4	金鱼草	全日照	凉季
5	羽叶薰衣草	全日照	凉季
6	百日草	全日照	凉季
7	孔雀草	全日照	凉季
8	芳香万寿菊	全日照	凉季
9	玛格丽特	全日照	凉季
10	金丝菊	全日照	凉季
11	粉萼鼠尾草	全日照	凉季
12	宿根满天星	全日照	凉季
13	大波斯菊	全日照	凉季
14	天使花	全日照	暖季
15	长春花	全日照	暖季
16	小百日草	全日照	暖季
17	太阳花	全日照	暖季
18	马齿牡丹	全日照	暖季
19	黄虾花	全日照	暖季
20	耐热矮牵牛	全日照	暖季
21	夏堇	全日照	暖季
22	蔓性夏堇	半日照至全日照	暖季
23	美女樱	全日照	暖季
24	裂叶美女樱	全日照	暖季
25	繁星花	全日照	暖季
26	蓝星花	全日照	暖季
27	薄荷	全日照	暖季
28	九层塔	全日照	暖季
29	四季秋海棠	半日照至全日照	四季
30	彩叶草	半日照至全日照	四季

天使花

美女樱

四季秋海棠

3盆20元 花草特区

每盆6～10元的小花草，一般使用直径为10厘米的盆器种植，种类繁多，包括多肉植物、观叶植物、盆花植物，可以视居家环境的不同，购入合适的盆栽。当然，也可以利用扦插的方式“复制”出新的植株，让居家绿意生生不息。

如果亲朋好友有适合的盆栽，也可以取一截枝条、一片叶子，利用扦插法繁殖，使你既不用花钱又能拥有繁花似锦的居家美景。

长寿花

袋鼠花

	3盆20元	日照需求	选购季节
1	非洲紫罗兰	半日照	凉季
2	长寿花	半日照	凉季
3	口红花	半日照	凉季
4	袋鼠花	半日照	凉季
5	鲸鱼花	半日照	凉季
6	一品红	半日照	凉季
7	虎刺梅	半日照	凉季
8	丽格秋海棠	半日照	凉季
9	大岩桐	半日照	凉季
10	黄金葛	半日照至耐阴	四季
11	常春藤	半日照至耐阴	四季
12	彩叶芋	半日照至耐阴	四季
13	蔓绿绒	半日照至耐阴	四季
14	狼尾蕨	半日照	四季
15	卷柏	半日照至耐阴	四季
16	斑叶球兰	半日照	四季
17	心叶球兰	半日照	四季
18	百万心	半日照	四季
19	绒叶小凤梨	半日照至耐阴	四季
20	薜荔	半日照至耐阴	四季
21	吊兰	半日照至耐阴	四季
22	黛粉叶	半日照至耐阴	四季
23	竹蕉	半日照至耐阴	四季
24	波斯红草	半日照至耐阴	四季
25	椒草	半日照至耐阴	四季
26	婴儿泪	半日照至耐阴	四季
27	合果芋	半日照至耐阴	四季
28	铜钱草	半日照至耐阴	四季
29	红网纹草	半日照至耐阴	四季
30	嫣红蔓	半日照至耐阴	四季

大岩桐

常春藤

婴儿泪

斑叶球兰

十种适合居家栽植的扦插小花草

1. 黄金葛

可否扦插于水中生根｜可。

适合扦插部位｜枝条。

适合扦插季节｜四季。

插穗选取重点｜不要取盆栽尖端，应取中段，只要一叶一节（含气生根）就可存活。

生长周期｜扦插后3～4周开始发芽。

照料重点｜半日照，要保持植株茂密的状态，可以将枝条插得密一点。

2. 彩叶草

可否扦插于水中生根｜可。

适合扦插部位｜枝条。

适合扦插季节｜春、夏、秋三季。

插穗选取重点｜顶端往下10～15厘米，可以先插水生根再移植到土壤中，泡到水里的茎条要先剪掉叶子。

生长周期｜水插约3天发根，土插约1周后发根。

照料重点｜半日照至全日照皆可，因叶子很薄，要注意补充水分，待新枝长到4～6节时，可以摘心以促进分枝。

3. 竹蕉

可否扦插于水中生根｜可。

适合扦插部位｜枝条。

适合扦插季节｜春、夏、秋三季。

插穗选取重点｜尖端往下10～20厘米。

生长周期｜扦插后3～4周发根。

照料重点｜半日照，有斑纹的种类，在昏暗的室内纹路会慢慢褪掉，生根后两周或1个月，可将液态肥料喷在叶子上。

4. 心叶球兰

可否扦插于水中生根｜可。

适合扦插部位｜枝条。

适合扦插季节｜四季。

插穗选取重点｜叶柄很短，所以一定要剪到茎部，不能只取到叶子。剪下后应先放置于通风处，让切口风干。

生长周期｜扦插后约1个月开始发芽。

照料重点｜半日照，等待土干后再浇水，茎蔓会长出不定根来吸收空气中的水分。

5. 宝石花

可否扦插于水中生根｜否。

适合扦插部位｜叶。

适合扦插季节｜四季。

插穗选取重点｜不要选太嫩、有病斑的叶子，剪下后，放置于通风处约10分钟，让切口风干。

生长周期｜扦插后2～3周发芽。

照料重点｜半日照至全日照，多肉植物的介质不能太潮湿，因此扦插后1周内先不要浇水。

6. 爱之蔓

可否扦插于水中生根｜否。

适合扦插部位｜零余子。

适合扦插的季节｜春、夏、秋三季。

插穗选取重点｜取中段较大的零余子，可带少量叶片，直接放在土壤上。

生长周期｜扦插后1个月开始发芽。

照料重点｜半日照至全日照，多肉植物的介质不能太潮湿，因此扦插后1周先不要浇水。

7. 绒叶小凤梨

可否扦插于水中生根｜否。

适合扦插部位｜子株。

适合扦插季节｜四季。

插穗选取重点｜不要取太小的子株，直接剥下来，插到松软的介质中就可以了。

生长周期｜扦插后3～4周开始发根。

照料重点｜半日照，可以耐阴，过度阴暗会使斑纹褪色，需适当补充日照，斑纹才会明显。

8. 繁星花

可否扦插于水中生根｜否。

适合扦插部位｜枝条。

适合扦插季节｜四季。

插穗选取重点｜取植物顶端的5～7节，须将花苞剪掉，以减少养分的散失。

生长周期｜扦插后1周开始发根，两周后发芽。

照料重点｜全日照，一年四季都开花，如果不希望长太高的话，可以适当修剪枝叶。每3个月要施肥一次，以补充养分，也有助于开花。

9. 薄荷

可否扦插于水中生根｜可。

适合扦插部位｜枝条。

适合扦插季节｜四季。

插穗选取重点｜尖端往下3～5节。

生长周期｜扦插后约1周开始发根。

照料重点｜全日照或半日照，因为叶子很薄，所以要注意补充水分，浇水一定要充足。

10. 九层塔

可否扦插于水中生根｜否。

适合扦插部位｜枝条。

适合扦插季节｜春、夏两季。

插穗选取重点｜尖端往下3～5节，剪下后，剪去大片叶子，以减少扦插后水分的蒸发。

生长周期｜扦插后约1周开始发根。

照料重点｜全日照，因为叶子很薄，所以浇水一定要充足。

三种技法，弄懂扦插魔法

基础枝插法示范

一般枝插法，一定要选最漂亮、最健壮的枝来扦插，剪下来的部位通常需要2～3节，有的1节也可以，但是大部分至少要两节。剪下来后直接插到小盆器中，视植物的种类扦插，枝越多越好，这样才能一下就长得很茂盛。

准备

繁星花、剪刀、盆器、新土、纱网

取插穗。取繁星花的顶芽枝条，每枝须含2～3节。

修枝叶。修剪枝条下方多余的枝叶。

剪长花枝。繁星花四季都开花，所以要将长花的枝条修剪掉。

叶片剪半。为减少水分的蒸发，要将叶片剪半。

确认数量。将欲扦插的枝叶一一修剪好，10厘米深的盆器每盆可插5～6枝。

铺纱网。在盆底铺上纱网，以避免土壤散失。

铺土。在盆中铺入干净且不含有机肥的土壤。

浇水。将土壤浇湿。

填土。将土壤填到适当的高度。

插枝。将枝条一一插入即可。

完成。扦插完的植物，须放在阳光不直接照射的地方。

小提示

将土壤填入盆中，浇水后再次填土。因为浇水后土会下陷，所以再次将土填到适当高度，可以保持土壤的湿润。

假以时日，扦插的枝条又会生根长叶，开出满满的花了。

B. 彩叶草扦插步骤

准备

彩叶草、装满水的瓶子、剪刀、盆器、新土、纱网

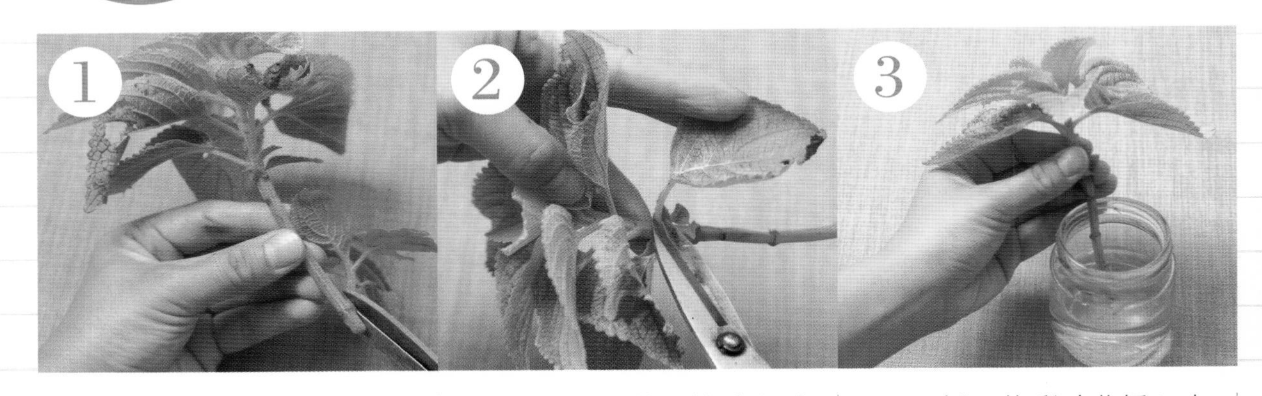

取插穗。剪取彩叶草的顶芽枝条，每枝含2～3节，修剪插穗下方多余的枝叶。

修枝叶。剪下枯叶和过多的叶子，以减少水分散失。

水插。将彩叶草插入水中，放在阳光不直接照射的明亮处。

生根。大约1周后就会发根，可以准备定植。

插枝。种植时在盆底铺入纱网，然后将土壤填入盆中，再将彩叶草直接埋入即可。

完成。扦插完的植物，须放在阳光不直射的位置。

小提示

水插繁殖有助于部分植物生根，如彩叶草、黄金葛、竹蕉。如果想让植物继续生长发育，就必须移植到土里，这样更有助于植物的茁壮生长。

C. 心叶球兰扦插步骤

准备

心叶球兰、剪刀、盆器、新土、纱网

剪根。剪一段心叶球兰的枝条，先局部修剪枝条上的根。

取插穗。取单片或成对叶片，从节间剪下。

风干。将剪下的叶片置于通风处，让切口风干。

浇水。在盆底铺上纱网和土壤，并将土壤浇湿，再将土壤填到适当的高度。

插枝。将风干后的心叶球兰直接插入土中。

完成。扦插完的植物，须放在阳台阳光不直射的地方。

小提示

心叶球兰的叶片像一串串的爱心，非常可爱。聪明的花商会直接将叶片切下种于盆中销售。不过心叶球兰虽然用叶片扦插也会长根，但是不易长出芽而变成一株新的植物。要成功“复制”心叶球兰，剪取时一定要带着一小段茎部，只要将短短的茎部插入盆中，就能生根成活，重新长成另一串成对的爱心了。

基础叶插法示范

要采用叶插法繁殖出健康的新植物，必须挑盆里最强健、最漂亮的叶子剪下。因为怕叠，通常不会一盆插好几叶，多半是一盆插一叶或两叶。一般观叶植物的叶插法是将叶柄斜到土里，这里介绍的玉帘的叶插法比较特殊，只要把一片叶子放到土上就能够生长了。

准备

玉帘、盆器、新土、纱网

取插穗。轻轻剥下玉帘的叶片。

铺纱网。在盆底铺入纱网，以避免土壤散失。

铺土。将干净且不含有机肥的土壤铺入盆中。

平铺叶片。将风干后的玉帘叶片从外向内等距铺上。

浇水。铺好的叶片1周后才能浇水，但须一次性将水浇透。

完成。过2～3周就可以看到从原叶片的切口生出新叶子了。

小提示

玉帘的叶子非常容易掉落，只要微微抖动，就会落下不少叶片。不过掉下来的叶片可别轻易丢弃，只要把它们放在土的表面，它们自然就会生根发芽了。许多多肉植物也有相同的特性，如宝石花、虹之玉等。要特别注意水分宜少不宜多，别太用“力”照顾，可爱的多肉植物会长得更好。

特殊零余子繁殖示范

在众多扦插方式中，有一种特别少见的零余子繁殖法。

所谓零余子，就好像是多出来的“种子”，实际上它并不是植物的种子，而是颗粒状的块茎，多半都长在植物的叶腋处，可储存养分和水分，落地之后会长成新的植物体。

具有零余子的植物不多，比较常见的有山药、川七及爱之蔓等。

准备

爱之蔓、剪刀、盆器、新土、纱网

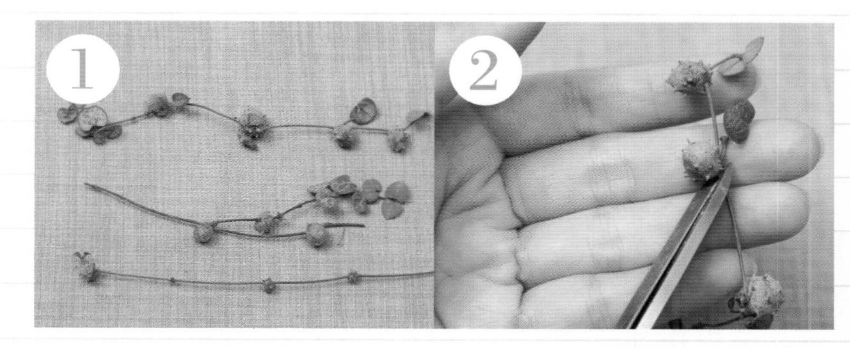

1. 捡选。挑选强壮饱满的零余子，如果选太小的，则不容易生长。
2. 取插穗。将零余子剪下。

3. 确认数量。一个零余子通常只能长出一个枝条，要让扦插后的盆栽更茂盛，可按容器大小适当多剪取一些，密密地铺上。
4. 铺土。先在盆底铺入纱网，再将干净且不含有机肥的土壤铺入盆中。
5. 平铺零余子。直接将零余子满满地平铺于土表，扦插1周后才能浇水，但必须一次性浇透。

小提示

爱之蔓是少数有零余子的植物。因为爱之蔓属于蔓性的多肉植物，所以水分不宜过多，扦插1周后才能浇水。如果手边有一盆爱之蔓，不妨也试试少见的零余子繁殖法吧！

完成。约3～4周就可以看到零余子逐渐发芽生根。

十个问题，打通“任督二脉”

想要培育种子盆栽，心里却有不少疑惑。别担心，这里列出了最常见的十个问题，让你轻松进入种子盆栽的世界。

Q1 无料的扦插魔法，应该准备哪些工具？

A1 扦插通常只需准备一把利剪和一盆新土即可。

一把利剪　草本或较嫩的枝条，如果用不锋利的剪刀剪取，切口周围的组织很容易受到挤压，这样便增加了病害侵入的机会。

一盆新土　扦插时使用新的土壤是非常重要的，如果土壤带病或有虫，就会增大插穗时感染的机会，尤其是曾经有植物枯死的旧土壤，在没有经过消毒就直接使用的情况下，枝条就像扦插在疾病的温床中。

如果是旧土壤，可以放在烈日下至少曝晒1周，或用热水浇灌消毒后再使用，也可以将土壤装在黑袋中铺平再曝晒，对土壤的消毒效果也不错。

一盆新土，一把利剪，纱网

为了避免土壤流失，在将土壤填入新盆器前，要先铺上纱网。

Q2 扦插的插穗，有些是取长度，有些是取节数，到底要选择哪种方法呢？

A2 枝条上长叶发芽的位置称作“节”，一般插穗至少要带两个节，如果剪下来的插穗正好是节与节之间的位置，植物就不容易生根发芽了。

因此不用在意剪下来的插穗的长短，如果是节间长的植物，单一插穗可能就有20厘米以上。所以确认插穗上下两端各带有一节才是最重要的，只有这样才能从上节处长芽、下节处发根。

插穗至少要带两个节

Q3 如何增加扦插的成功率?

先剪去多余的叶片

A3 要提高扦插成功率，就必须避免病害，并注意水分平衡。要避免病害，修剪枝条时须使用锋利的剪刀，使切口保持平整；剪刀和器具必须保证清洁，如果已经剪过植物病株，一定要马上消毒，避免植株感染，影响成功率。

要使水分平衡。一般来说叶片较大的植物须将叶片剪下一半，以减少水分蒸发。

部分植物也可以采用“保湿”的技巧减缓水分蒸发。像非洲紫罗兰在刚插上时需要高湿度的环境，这时可以使用保鲜膜、塑料盒、塑料杯等工具罩着，制造一个小温室的环境，并放在稍有遮阳的位置，避免阳光直射，使叶片不枯萎、不掉落。不过并非所有的植物都适用，像多肉植物怕水、怕热，如果闷着很容易腐烂。

Q4 何时是盆栽浇水的时机?

看得出哪一盆需要浇水吗?

A4 一般植物扦插后要立即浇水，否则插穗失水后，植物的成活率很低；也可以先将介质浇透后再进行扦插，总之就是让插穗保持水分充足的状态。

如果是扦插多肉植物，介质就不用浇水了，因为多肉植物如宝石花、玉帘、爱之蔓等都怕潮湿，须在扦插1周后再浇水，但一定要一次性浇透。

要掌握正确的浇水方法，观察介质略干后再浇水，因为插穗有茎或叶，在未长根前就过量浇水，茎或叶反而容易腐烂。

Q5 剪枝条和叶片有什么技巧?

有乳汁的插穗，须先在通风处风干后再扦插

A5 选择插穗，一定要剪健壮饱满、茎叶中充满养分的。

插穗最好在清晨阳光还没照射时剪取，避免在正午时操作。如果剪下的插穗无法立即扦插，最好先修整叶片，用沾湿的纸包住装好。

有时候从亲友处剪下的插穗，等到带回家要扦插时，叶片却已经干瘪了，因为在路上蒸发了太多水分，影响了植物的活力，扦插就容易失败。

有些植物的插穗因为切口部分容易流出乳汁与其他汁液，直接扦插容易造成感染，所以必须先将插穗放于阴凉处风干切口，隔天再进行扦插。

Q6 扦插有最适合的季节吗？

A6 其实每一种植物的生长习性都不尽相同，有些喜欢凉一点的天气，有些则喜欢热一点的天气，所以并没有一定之规，要视植物的种类而定。在扦插前要仔细观察不同植物的习性，才能提高扦插的成活率。

Q7 如何判断插穗是否成活了？

A7 一般只要插穗没有干枯腐烂，就表示插穗还活着。不过如果发现靠近土壤的枝条已经变为咖啡色，就说明枝条已经枯萎，这时候就要拔掉了。

扦插后两周不要移动枝条，如果要移盆定植的话，最好要等到1个月之后再操作。这段时间内，只要看到枝条维持着绿色并且仍然挺立，基本上都可以顺利发根，但还是要持续观察，直到看见新芽或新叶长出后才能确认。

部分植物可以直接插水生根，如彩叶草、黄金葛、蔓绿绒等，也可以先水插生根，再移植到土里。

水插生根，也是确保插穗成功长根的方式之一

Q8 修剪植物时，通常会剪掉一些枝条，这些枝条可用来扦插吗？

A8 不一定。

有时候为了保持美观修剪盆栽，为了平均生长势必会把枝条视需求剪除，或将强壮的徒长枝剪掉，以求整体美观，这些强健的枝条，可保留作为扦插之用。

但是如果修剪的是一些比较细瘦衰弱的枝条，就不宜留作扦插之用了，因为这些枝条原本就营养不良，发芽生根的机会不大。

所以关键是看插穗是否健康、具有生长力，才能判断扦插是否有更高的成活率。

扦插要选择左边强健的插穗

Q9 有一些植物扦插后很快就发新芽了，可是没过多久叶片却下垂干枯了，这是为什么呢？

A9 看到枝条发芽不要高兴得太早，因为只有发根才算真正成活。

发芽可以作为扦插成功的指标之一，不过有时候扦插后马上发芽，可能是原本母株要发芽或开花的地方，扦插后仍继续展叶或开花，这种现象称为“假活”。这时会耗费大量的水分和养分，如果根部来不及长好，插穗会干枯导致扦插失败。此时要特别注意水分，一旦失水就很难补救了，或干脆将花芽剪除，可避免消耗太多的养分。

Q10 需要额外施肥，促进生长吗？

A10 扦插1个月后，插穗开始发根成长了，此时你会发现养分有点不足，出现了黄叶子。可以加入含有氮、磷、钾三要素及有机肥的复合肥料，如果是观叶植物还可以适量喷洒液态氮肥，让叶子漂亮的斑纹更明显。

等到植物长出更多茎叶，至少有4～6片叶子时，才可以开始摘心。适时将顶芽摘去，不仅可以促进植物分枝，还可以让植物长得更加茂密。

适量施肥让植物更强壮

第二章 挑战——DIY盆器

生气勃勃的花草本身就有天然的疗愈效果，
不过也要有相对应的盆器，才能凸显植栽的美感。
特意去购买盆器，费用会增加许多，
事实上，生活中有许多居家杂货和自然素材都能当做盆器，
不仅省钱，还有无可取代的独特质感，是为植物加分的绝佳选择。

超质感零元花器

经常接触各式花材盆栽，花艺设计师杨婷雅老师手中的作品，
总能呈现出令人眼前一亮的美感。
追求质感不一定花钱很多，
只要配合植物的特性作花器装饰，
简单自然就能有最美的呈现。

一碗花世界

生活中的食器是展现植物风格的绝佳舞台，
利用重叠的平衡空间，摆放上合适的花材或蔬果，
就能赋予花朵新鲜多样的表情。
也可以从绿建筑的角度，在缝隙间种上薜荔或合果芋，
此时极简的日式绿空间，就微缩进了碗中。

花艺达人
杨婷雅

将花和空间作完美的结合，是杨老师每天的工作，她相信追求美好的事物是人们与生俱来的本能。

多多观察，运用植物本身和器皿的特色，巧妙构思，就能呈现出纯粹的美感。

花雅集yia gia art博客：http://www.yia.com.tw/ezcat/front/bin/home.phtml

改造步骤

准备
日式拉面碗、细树枝、当季果蔬和花朵

1. 将细树枝随意绕圈，置于碗底。

2. 将碗叠上，重复同样的动作堆叠拉面碗。

▲ 日常生活中的大碗、饭碗也可作相同的利用哟！

3. 在最上方的碗中放入当季果蔬。

4. 在重叠的缝隙中插上花朵并注满水即可。

饭盒里的绿意

饭盒该淘汰了吗?

其实只要换个身份就成了可爱的盆器。

在饭盒中盛上绿色的活力，

在饭盒夹层中则可以放上路旁捡来的细树枝和小花当做配菜，

不带盒饭的日子，也有一盒满满的生机。

改造前后

改造前

● 饭盒和饭盒夹层

改造后

● 装满绿意和花朵的花园饭盒

改造步骤

准备

饭盒、培养土、绿钻、细树枝、花朵

1. 在饭盒里铺上约一半高度的培养土。

2. 将绿钻小心地脱盆，尽量维持形状不要散掉。

3. 将脱好盆的绿钻小心地植入饭盒内，用绿钻填满所有空隙。

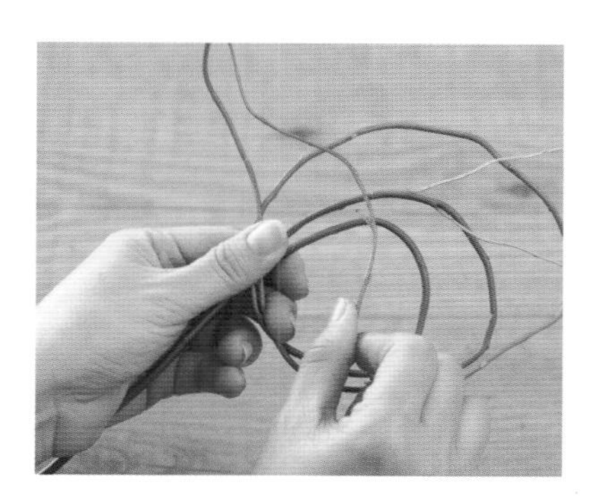

4. 将细树枝绕成圈状。

5. 在饭盒盖或饭盒夹层中注入水后，放入绕好的细树枝。

6. 最后放上刚剪下来的花朵作为点缀即可。

▲ 方的、圆的饭盒都是不错的选择。

小提示

● 饭盒中装入满满的绿钻，就像一盒绿色的饭。如果有耐心，也可以直接种下火龙果的种子，看着种子发芽成长，别有一番乐趣。

● 饭盒夹层也可以当成插花的容器，相互搭配格外可爱，插花可以维持约1周的生命力。

落叶新生

时序走进了秋冬，常常可见路旁散落一地的黄叶，

比起鲜活的绿叶，反而有另一种萧索的美感。

收集这些干燥的落叶重叠拼贴，

和鲜活的植物相互辉映，空间中也充满了森林的气息。

改造前后

改造前

牛奶盒和落叶

改造后

自然风格的环保盆器

改造步骤

准备

牛奶盒、剪刀、羊蹄甲叶、双面胶

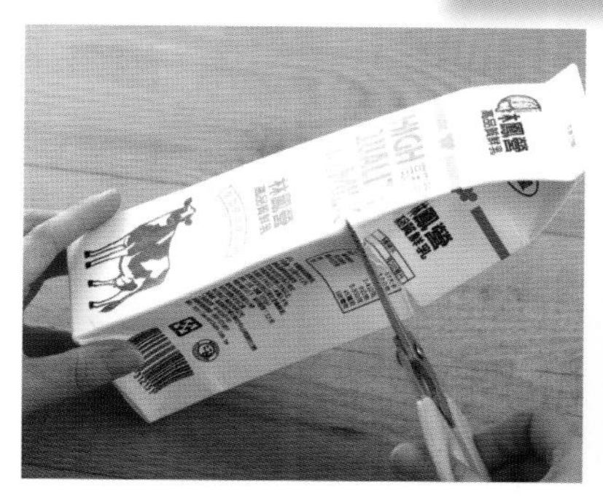

1. 将洗净晾干的牛奶盒剪出合适的高度。

2. 从上至下贴上双面胶。

3. 将羊蹄甲叶贴上。

4. 用一圈羊蹄甲叶、一圈双面胶的方式重叠拼贴至没有空隙。

5. 将顶端多出的叶片修齐后即是具有自然风格的盆器。

小提示

羊蹄甲是中国台湾地区常见的路边树，花朵艳丽，叶片也别有姿态。除了可以拼贴成盆器、直接套盆装饰外，也可以用粽叶当底，覆上羊蹄甲叶，用订书机固定后，再用长脚钉固定装饰，就变成了具有自然风味的餐垫。

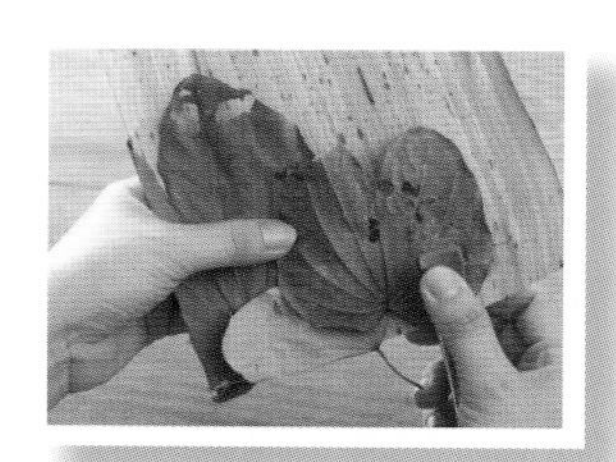

伸缩花积木

光盘是现代生活中的消耗品，

过一阵子就得淘汰一些，

以免桌面空间被备份的资料占满。

将材质特殊的光盘做成花器，可长可短，

可视空间的需求进行调整，

就像积木一样伸缩自如。

改造前后

改造前

● 光盘和小试管

改造后

● 插满花朵的长型花积木

改造步骤

准备

光盘、小试管、强力黏合剂、当季花材

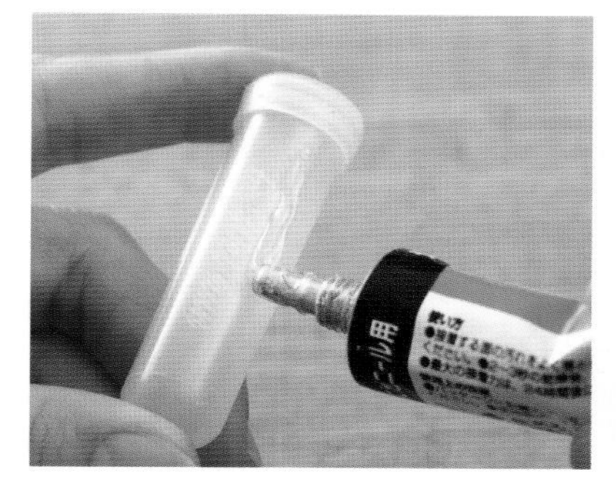

1. 在小试管表面涂上强力黏合剂。

2. 将小试管固定在光盘内圈旁。

3. 两边小试管要对称贴齐。

4. 再在小试管另一面涂上强力黏合剂。

5. 将另一片光盘完全对准贴上，再用相同方式粘贴。

6. 最后在小试管内注入水，并插上当季花材即可。

▲ 光盘换成DIY剩余的零碎木板，有另一种天然的质朴感。

小提示

- 改造中使用的小试管，是买花材时花店附赠的保湿小水管，通常是为了保持花朵在运送途中不失水。将其收集起来，就是插花的好配件了。
- 圆形光盘做成的花器，看起来十分可爱，不过实际摆放时会发现，一条花龙滚来滚去很难固定。其实只要两条树枝就搞定了，将树枝放在两侧固定卡紧，花器就不会随意滚动了，用筷子也可以哦。

孵出一棵小树

买了满满一盒蛋，

做完料理后，剩下的蛋壳可别急着丢弃，

蛋壳除了可以当成肥料为植物提供养分，也可以变成盆器。

将植物植入蛋壳，放在蛋盒里排排站，

就像是从蛋壳里长出的小树林。

改造前后

改造前

● 光盘和小试管

改造后

● 插满花朵的长型花积木

改造步骤

准备

光盘、小试管、强力黏合剂、当季花材

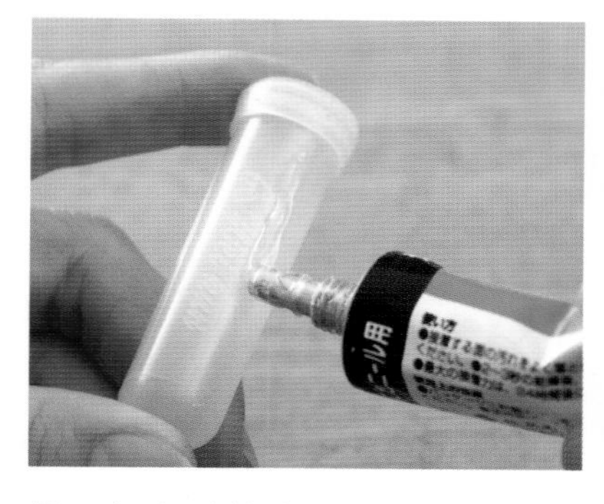

1. 在小试管表面涂上强力黏合剂。

2. 将小试管固定在光盘内圈旁。

3. 两边小试管要对称贴齐。

4. 再在小试管另一面涂上强力黏合剂。

5. 将另一片光盘完全对准贴上，再用相同方式粘贴。

6. 最后在小试管内注入水，并插上当季花材即可。

▲ 光盘换成DIY剩余的零碎木板，有另一种天然的质朴感。

小提示

- 改造中使用的小试管，是买花材时花店附赠的保湿小水管，通常是为了保持花朵在运送途中不失水。将其收集起来，就是插花的好配件了。
- 圆形光盘做成的花器，看起来十分可爱，不过实际摆放时会发现，一条花龙滚来滚去很难固定。其实只要两条树枝就搞定了，将树枝放在两侧固定卡紧，花器就不会随意滚动了，用筷子也可以哦。

头条
花新闻

报纸是新信息的来源，不过隔日过期的特性，

让报纸堆满角落，只能等待回收。

其实报纸中性的色彩，有股独特的韵味，

作为花器，反而让花朵在柔媚中多了些许质朴的优雅。

改造前后

改造前

● 报纸和试管

改造后

● 雅致的杂货风花器

改造步骤

准备

试管、报纸、拉菲草、当季花材、双面胶、绿色植物

1. 试管和报纸先比对高度，报纸要比试管长一些。

2. 用报纸卷紧试管。

3. 用双面胶粘贴固定。

4. 将试管一一用报纸包裹好后，把它们竖立起来，用拉菲草固定打结。

5. 从内到外依次插满花朵。

6. 边缘再用绿色植物点缀即可。

◀ 用商店给的牛皮纸袋背面或包装时剩下的牛皮纸替代报纸，中性的大地色系与花朵也非常相称。

小提示

● 选用报纸时，要选择颜色单纯、没有强烈色块的部分，运用报纸本身黑白灰的纯粹，衬托出花朵的美丽。

孵出一棵小树

买了满满一盒蛋，

做完料理后，剩下的蛋壳可别急着丢弃，

蛋壳除了可以当成肥料为植物提供养分，也可以变成盆器。

将植物植入蛋壳，放在蛋盒里排排站，

就像是从蛋壳里长出的小树林。

改造前后

改造前

● 蛋壳和蛋盒

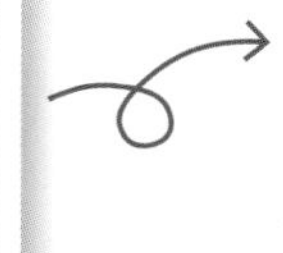

改造后

● 破蛋而出的迷你小树林

改造步骤

准备

蛋壳、蛋盒、绿色机缝线、青苔、迷你多肉植物

1. 将迷你仙人掌小心地脱盆，注意不要刺伤手。

2. 将青苔土面向下，包覆住迷你仙人掌的根部和土壤。

3. 用绿色机缝线紧紧地缠绕住青苔和迷你仙人掌，不需打结，将线剪断。

4. 将缠好的迷你仙人掌置入蛋壳中。

5. 随意排列到蛋盒中即可。

▲ 包覆青苔的植物有很好的保湿性，可以放在各种容器中，也可以放在做点心的布丁模里，就像一个个绿色的小点心一样可爱。

小提示 ● 用青苔包覆植物，除了美观之外，也兼具保湿的效果。
拿放迷你仙人掌时注意不要刺伤手。

第三章 挑战——20元改造花空间

想要一个有花有草的自然空间，
其实不用花太多的钱，只需要一点点巧思就够了。
找个假日到花市里走一圈，
你会发现3盆20元，甚至是7盆20元的小花草俯拾皆是，
只要选对了空间，加上简单的布置，
放松身心的秘密花园，就轻而易举地植入了日常生活中。

设计森林女孩的花空间

坐落在台湾师大僻静角落的Mila花园，是一家充满花花草草和园艺杂货的优雅小店，走进花园，跟着森林女孩的步伐，一起找出花空间布置的好点子吧！

花园杂货达人

郑道文

原本从事贸易工作的郑道文，可以说是名副其实的森林女孩，因为热爱花草杂货，从而走上了园艺之路。

Mila花园是她实践花草创作的第一步。在小小的店面中，包含了园艺杂货手作及花卉盆栽的包装与设计，是热爱日系杂货风者必访的淘宝地。

Mila花园博客：http: // www.wretch.cc/blog/zckkazakka

三个重点学会低成本布置

重点

1. **当季草花打亮居家空间**——美丽的花朵通常需要全日照的环境才能生生不息，除了适合在室内栽培的植物外，布置室内空间时也可以带入盛开的草花，花市常销售的7盆20元的鲜艳草花就是为空间增色的好帮手。用轮替的方式，适时为植栽补充日照，就能让缤纷的花朵保持旺盛的生命力。

2. **零元素材为盆栽穿上新衣**——其实生活中有很多现成的器皿都可以作为套盆，像不用的杯盘、剩余的布料和铁丝、喜饼盒等。用简单的套盆就可以让原本朴实的10厘米塑料盆产生截然不同的印象，轻松打造风格空间。

3. **好用介质让盆栽大大加分**——除了培养土，水苔、青苔和发泡炼石也都是常见的介质。水苔通常包覆在土壤外部以加强保湿，发泡炼石多半垫在盆器底部起到排水通气的作用，此外，铺在表面也能让盆栽具有清洁感，增加美观度。

❶ 夏堇、美女樱和天使花都是非常好的夏季草花。

❷ 用麻布穿上铁丝，包住盆器，杂货风小花草就完成了。

❸ 包上水苔和青苔的植栽，放在盘中就是简易的造景。

方案一

简单套盆打造角落自然风

喜爱日系杂货风的人，对麻布和铁丝这两种素材一定不会陌生，朴实的材料与植物巧妙搭配特别有质感。用购买时垫底的厚纸垫板，加上铁丝和麻布，就能组合成一个可吊挂、也可靠墙随意放置的小空间。

清单

适合空间（半日照至耐阴）

阳台	X	窗台	○	客厅	○
浴室	△	卧室	○		

注：X代表不适合，○代表非常适合，△代表适合。

五步改造花空间 | 分区空间解析（示范以B区块为主）

A 先用纸胶带为厚纸垫板装饰贴边，并用打印机打印出喜欢的字体贴在上面。
B 用铁丝穿过麻布包住盆器，再穿过厚纸垫板上事先打好的洞，在背面绑紧固定。
C 用铁丝编成篮子，穿过厚纸垫板上事先打好的洞绑紧固定，放入椰纤和以麻布包住的植栽。
D 用浅色的杯、碗、笔筒等容器套盆即可，放在角落点缀花色。

准备

观叶植物和草花植物、厚纸垫板、麻布、椰纤、铁丝、旧的搪瓷漱口杯

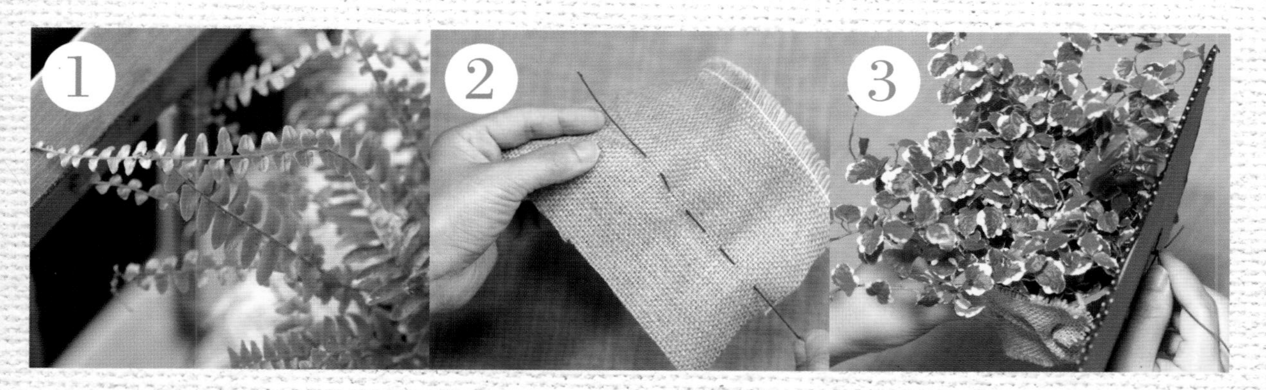

植物选择。以枝叶有延伸性的观叶植物为佳，除了波士顿肾蕨、雪荔外，狼尾蕨、铁线蕨、常春藤都是不错的选择。

装饰。剪下一段麻布，大小以刚好可以包覆盆器为宜，用铁丝穿过。

套盆。用麻布包住植栽的盆器，并将铁丝穿过事先打好的洞，固定于装饰好的厚纸垫板上。

摆放。再用铁丝编网，固定于厚纸垫板上，置入包覆了麻布和椰纤的植栽，放在墙边，配合用旧的搪瓷漱口杯做盆器的草花，就是一个简单的角落花空间了。

养护。因为麻布既透气又透水，所以可以直接喷水，给予足够的水分，让植物更有活力。

小提示

- 以不需太多日照的观叶植物为主的空间布置，适合大部分的室内空间，随意地置放于墙边角落或挂在墙面上，既不占空间，又能享有自然绿意。

组合一桶缤纷花绿

空间不大，却想拥有一方迷你小花园，用几盆花草合植是既快又方便的方式。3个10厘米深花盆植物，就能组成一个33厘米花盆大小的室内花园。如果是在日照充足的阳台上，也可选择缤纷的草花植物，组合起来会更加多姿多彩。

清单

适合空间（半日照）

阳台	△	窗台	○	客厅	○
浴室	×	卧室	△		

五步改造花空间 | 分区空间解析

A 合植时如果有两种以上的花卉，可以用高低错落的方式以避免焦点混乱。具有蔓性的观叶植物合植时应放在外围，让枝叶自然延伸出流线感。

B 不用的铁制小水桶刷上白漆，并写上或印上字母装饰后，将合植后的植物直接套盆即可。

准备

观叶植物和盆花植物、刷白的小水桶、发泡炼石、培养土、纱网

植物选择。常春藤常搭配室内盆花植物做组合盆栽，除了长寿花、天使花，也常使用非洲紫罗兰、仙客来、火鹤花等做合植。

介质处理。为了增加透气性和排水性并垫出高度，在盆底垫上纱网后，要先铺上适当高度的发泡炼石，再铺土。

合植。将植栽依序脱盆放入盆中，并在空隙处补入培养土固定植栽。

套盆。可以将家里的小水桶刷白后印上字母装饰，再将合植好的植栽直接套盆。

养护。待表面介质略干后再浇水，因为长寿花不需要太多水分，常春藤干燥后会长红蜘蛛，所以浇水时方位要作调节。

小提示

- 感觉单盆植物看起来太单薄，不妨将特质相近的植物组合在一起，增加层次感，创造一个迷你小花园。定期让植物晒晒太阳，花会开得更好。

方案三 苔球注入清透绿意

居家空间要呈现植栽的自然野趣，做成苔球是可爱又不失清洁感的做法。土壤外层用水苔和青苔包覆住，塑成球状，可以放在不同造型的盆器中，置放于室内空间，给人以放松心情的青翠感。

清单

适合空间（半日照至耐阴）

阳台	△	窗台	○	客厅	○
浴室	△	卧室	○		

五步改造花空间 | 空间解析

几乎所有的观叶植物都可以做成苔球，将所有植栽做成苔球后，放置时须注意，叶色较淡且植株较高的苔球置于左右方能平衡视觉，而那些叶色较深或鲜艳的植栽可置于中心以制造视觉的重心。

准备

观叶植物和食虫植物、水苔、青苔、点心盘等各式容器、绿色机缝线

植物选择。包覆水苔和青苔可增加保湿性，一般的观叶植物都可以拿来做苔球。

介质处理。使用水苔前要先泡水，让水苔充分吸收水分，拧干后再使用。

包覆水苔。将植栽脱盆后，根部土壤直接包上拧干的水苔，再用机缝线缠绕绑紧。

装饰。青苔土面向下包覆水苔，用机缝线缠绕绑紧，随意放在各式容器中，都有自然的美感。

养护。覆上青苔的苔球需要明亮的环境与充足的水分，拿起来掂掂重量，如果重量变轻的话就该浇水了，在室内通常2～3天浇一次水即可。

小提示

- 苔球又称为苔玉，用水苔包裹植物，外面覆上青苔，组合成有自然野趣的小型造景。青苔可从野外或者家附近的墙边等地取得，也可以到花市和水族馆购买。有时候苔球培养得久了，表面也会长出漂亮的青苔，颇有观赏乐趣。

四季草花布置阳台

说到居家花园，阳台当然是首选，配上不同的季节性草花，就能让阳台时时刻刻都呈现繁花似锦的繁盛美景。不过如何打点才能让花朵站在最好的舞台上绽放呢？一起分享简单的小秘诀吧！

清单

适合空间（全日照）

阳台	○	窗台	○	客厅	X
浴室	X	卧室	X		

五步改造花空间 | 分区空间解析（示范以A区块为主）

A 花朵较细小的植物可以以量取胜，将捕鼠笼垫上高度，放入2～3盆的分量，加强存在感。
B 花形鲜明纤细的花朵，直接换盆放入旧陶盆中，以高低平衡视觉。

准备

当季草花植物、捕鼠笼、麻布、牌子、塑料盆、旧陶盆

1 植物选择。快速打造阳台或顶楼花园，可以选用7盆20元的当季草花，像金丝菊、美女樱、夏堇等物美价廉的草花都是不错的选择。

2 盆器改造。在捕鼠笼中套入麻布，稍微修饰一下并折好，贴上牌子。

3 排水处理。捕鼠笼较深，可垫入旧的塑料盆，除了可以垫出高度，也能留有空隙方便排水。

4 套盆。将两盆草花直接套入捕鼠笼中，并将另一盆草花换盆放入旧陶盆中，即是错落有致的小型花园。

5 养护。草花植物需要充足日照，介质略干就要浇水，但浇水时要避免浇湿叶片与花朵。

小提示

- 从花市带回的一盆盆草花，除了可以排排站制造丰富感，也可以用点小巧思，加入杂货风格，并赋予花朵高低层次，看起来另有一番美感。

杂货风改造绿空间

热爱杂货改造的夏米老师，擅长用手作小物进行空间再造，就用四个点缀角落的创意绿点子，让植物的生命力注入生活中吧！

橡皮章杂货达人
夏米

爱好手工，喜欢把旧物翻新、把新的东西做旧，享受物件变化间的成就感，还喜欢发掘新鲜的素材搭配，从刻一块章到印出一个小世界，相同的素材往往可以发现无穷的变化，保持手感是杂货生活的基本要素。

夏米花园博客：http://www.wretch.cc/blog/chamilgarden

三个重点学会低成本布置

重点

1. 分株制造植物的丰富感——大部分适合半日照、耐阴的观叶植物，通常被归在3盆20元区销售，在有限的预算里要让室内植物在视觉上有丰富感，可以用分株的方式将植物一分为二或一分为三，再换到小盆器中，排在一起，比一盆看起来更丰富，也方便配合其他植物构成高低层次。

2. 观叶植物的斑纹是最佳配色——大多数花朵都需要全日照的环境才会开花，家中如果没有充足的日照，也可以利用有斑纹的观叶植物相互搭配。其实许多观叶植物艳丽的叶色并不比花朵逊色，像绒叶小凤梨、嫣红蔓、红网纹草等，和其他绿叶相互映衬，就构成了焦点所在，不过为了维持斑叶的色泽，仍然要适时地补充日照。

3. 手作配件统一风格——除了利用套盆或移盆为植物穿上新衣外，还可以利用一些小配件，让植物看起来更有一致性，营造出角落花园的效果，如相框、置物篮经过改造后，就有整合植物为一体的效果。

❶将10厘米深花盆的卷柏分株成迷你盆，看起来更可爱。

❷带有粉红色斑纹的绒叶小凤梨，叶片的姿态像花朵一样。

❸DIY相框中的植物，演变为家中最鲜活的图画。

方案一

点亮空间绿意烛光

有时候绿意并不需要很大的空间去营造，小巧可爱的搭配更具有趣味性。用一点点手作技巧将蜡烛底铝盒改造成盆器，植入纤细的植物，一字排开，空间马上被清新的绿意点亮了。

清单

适合空间（半日照至耐阴）

阳台	X	窗台	△	客厅	○
浴室	○	卧室	○		

五步改造花空间 | 空间解析

将植物移植入迷你花器，装饰于书籍或CD层板上，不占空间也有点缀的效果。

准备

观叶植物、蜡烛底铝盒、铁丝、背景贴纸

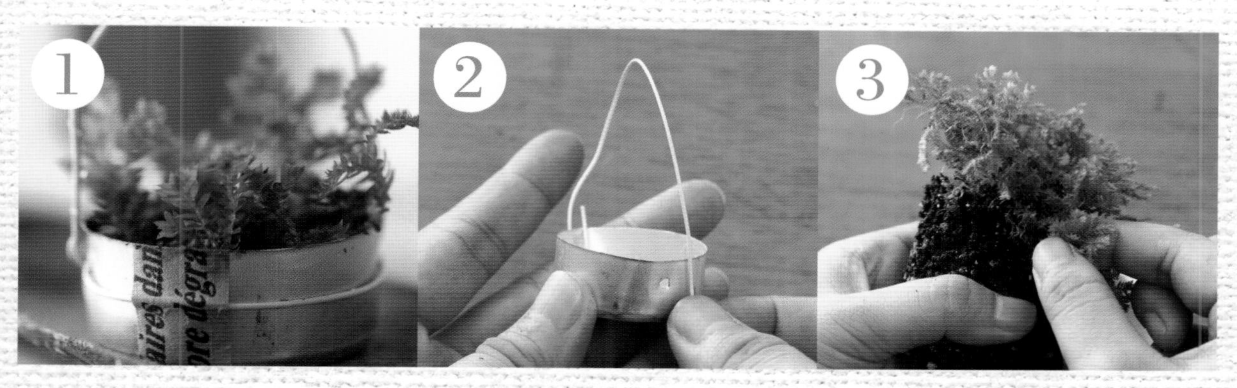

植物选择。以叶片细致小巧的观叶植物为佳，像卷柏、铁线蕨、纽扣玉藤等都很耐阴，很适合放在室内。

盆器改造。在蜡烛底铝盒两边打洞，用铁丝穿过绕圈固定成提把，并用背景贴纸装饰。

分株。将观叶植物以2～3枝为一丛，保留根系，用手或剪刀分成合适的大小。

移植。盆器底部打洞后铺入土壤，放入小植株后再覆上土壤，并立即浇水。

养护。像卷柏这类蕨类植物特别需要水分，可以经常在叶片和土壤上喷水，以保持其常绿。

小提示

- 点精油的小蜡烛是不少家庭都有的生活杂货。点完蜡烛后，蜡烛底铝盒别丢掉，作为迷你小花器别有乐趣，塞入布包棉花，就是一个小小的针线盒。

方案二

5盆20元杂货风花园

打造20元的花园并不难，但也不是把花买回来通通摆在阳台上就好了。想让花园有统一的风格，不妨用相似的盆器统一换盆，像不花钱的铁罐就是许多人的选择，略加修饰就是有仿旧感的杂货风盆器了。

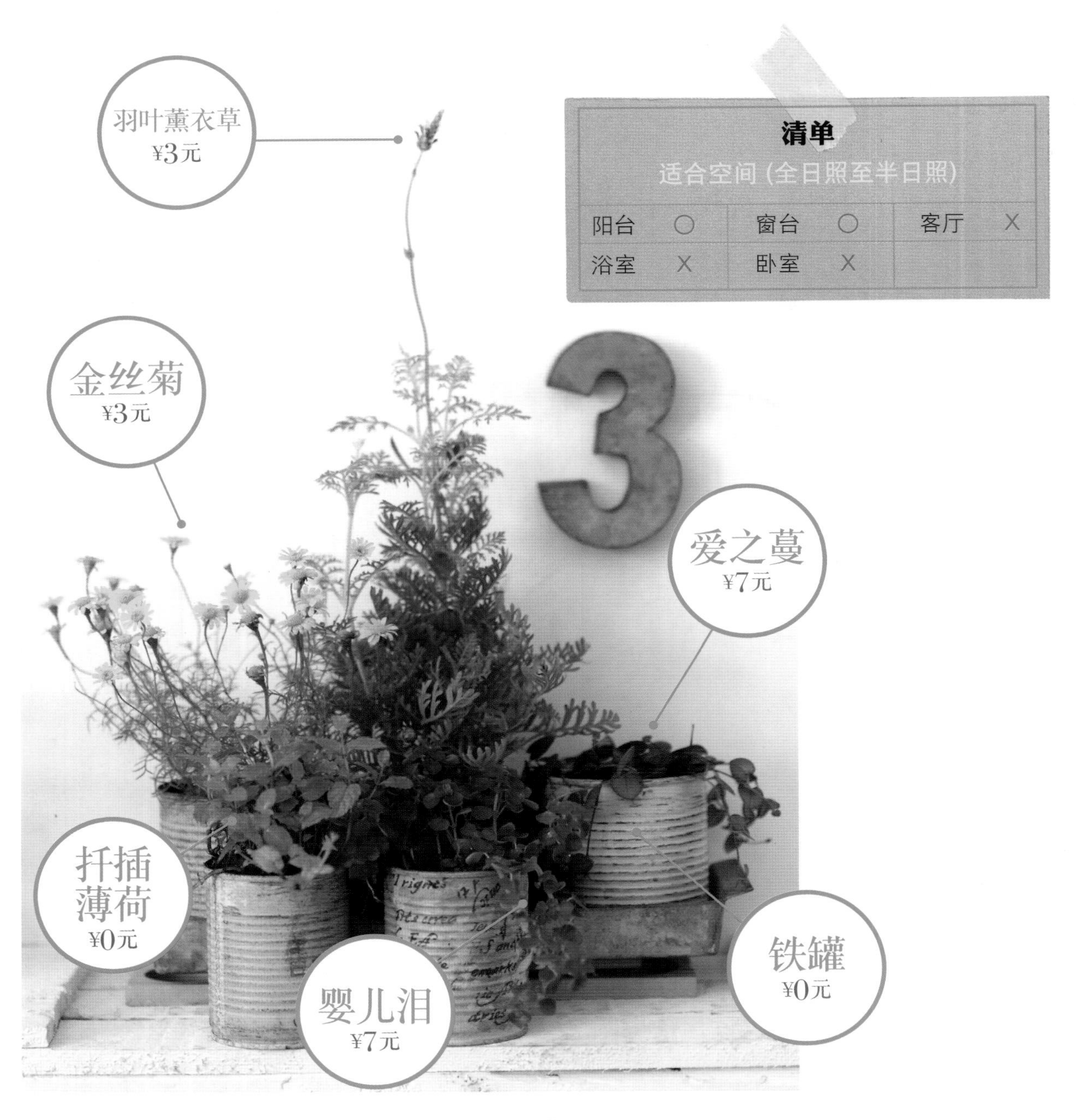

清单

适合空间（全日照至半日照）

阳台	○	窗台	○	客厅	X
浴室	X	卧室	X		

五步改造花空间 | 空间解析

杂货风格统一用铁罐完成，两旁草花应略高于前方而矮于中心处，中心处的花草可以选择较高的植株以制造焦点，后排植物若不够高，可以用砖头或板子垫高，以免被前方的花草挡住。

准备

香草和草花植物、铁罐、乳胶漆(广告颜料)、胶水、英文报纸、发泡炼石

植物选择。日照充足的阳台，可以选择适合全日照环境的香草和草花植物如迷迭香、甜菊、薄荷、九层塔等进行扦插。如果是半日照的窗台，则可以选择婴儿泪和爱之蔓等，移植进铁罐，观赏延伸的枝叶。

盆器改造。铁罐先刷上一层乳胶漆打底，贴上英文报纸，再涂上一层胶水，以增加防水度。

排水管理。在铁罐底部打5～6个洞，并垫上一层发泡炼石，营造透气且排水良好的环境。

移植。将植物脱盆后移植入铁罐中。爱之蔓这类多肉植物可以等几天后再浇水，一般香草及草花植物则须立即浇水。

养护。香草和草花植物需要充足的日照，观察介质略干后再浇水。

小提示 ● 水果罐头吃完后不要丢掉，将铁罐做成花器，可以让小花园有仿旧的颓废风格，铁罐经过风吹日晒后会更有味道，最适合充满阳光的阳台花园，利用木板或垫板做出高低，就是一个缤纷的小花园了。

方案三

框出一幅植物画

在“勿忘影中人”快成为20世纪的流行语时，就让植物住进相框里，变成最鲜活的画面吧。方正的相框有稳定画面的力量，除了可以放在架子上，也可以配合不需土植的空气凤梨挂在墙面上，别具趣味。

清单

适合空间（半日照）

阳台	△	窗台	○	客厅	○
浴室	X	卧室	○		

五步改造花空间 | 分区空间解析（示范以A区块为主）

A 将植物移盆放入咖啡杯中，并放上装饰后的相框。
B 直接将笔筒或杯碗套盆置于中心点。
C 植物用铁罐套盆，铁罐可以先刷上白漆，再用报纸和拉菲草装饰。

准备

观叶植物、发泡炼石、咖啡杯、笔筒和铁罐、相框、乳胶漆、印章、立可拍相片

1 植物选择。室内明亮处可选择叶子具有特色的观叶植物，如叶色艳丽的绒叶小凤梨和清新秀气的纽扣玉藤。

2 介质处理。为了增加透气性和排水性，将植物移入无洞容器前，要先在容器内铺上发泡炼石，然后再铺土。

3 移植。将植物脱盆后放入咖啡杯中，补土后再浇水，并将翡翠木和纽扣玉藤用笔筒和铁罐直接套盆。

4 装饰。将相框先刷上一层乳胶漆，风干后用印章盖印装饰，并贴上立可拍相片，框住排列好的植物，就是一幅室内植物画。

5 养护。适合半日照的观叶植物须放于室内明亮处。有斑叶的品种，过度阴暗的环境会使斑纹褪色，须适时补充日照，斑纹才会明显。

小提示

- 每个人家中都会有一两个相框，因为冲洗相片越来越少，相框也往往被冷落，其实进行一点改装，就是好用的配件。在用不同元素为植物套盆改装时，有时看起来会缺乏一致性，用相框整合视觉，可以让美感大大加分。

方案四

迷你果酱小森林

置物篮、木板、果酱罐，这三样毫无关联的生活杂货会让你想到什么？将置物篮的底部直接挂在墙面上，用在杂货店买到的小木板装饰，放入扦插在果酱罐里的小植物，一个简易的墙面绿布置就完成了。

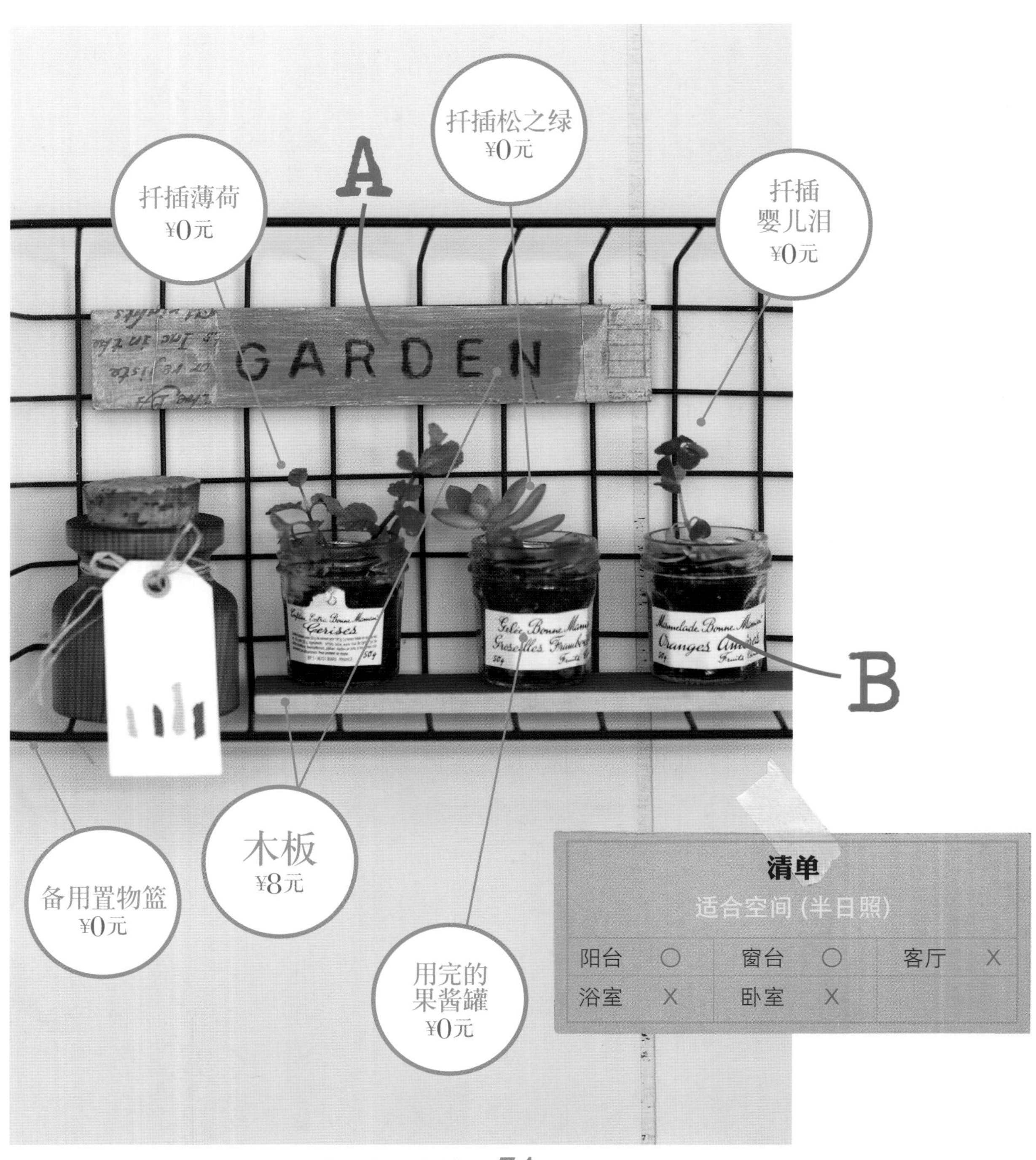

清单

适合空间（半日照）

阳台	○	窗台	○	客厅	X
浴室	X	卧室	X		

五步改造花空间 | 分区空间解析（示范以B区块为主）

A 将木板刷上漆，写上字做成小门牌，用铁丝固定在置物篮底部，然后挂在墙上。

B 取植物的枝条或子株扦插植入果酱罐中，并一同放入置物篮的侧边。

准备

可扦插的植物、果酱罐、发泡炼石、培养土、置物篮、木板、铁丝

1 植物选择。修剪整理家里的植物，因太过茂密而剪下的枝条或分株出来的小植株，其实都可以用来美化居家环境，带来绿意。

2 介质处理。为了增加透气性和排水性，在将植物移植入无洞容器前，要先在容器内铺上发泡炼石，然后再铺土。

3 扦插。多肉植物可以分出一株株带根的子株，直接植入盆中即可。香草和观叶植物则可将剪下的枝条插入土中，并立即浇水。

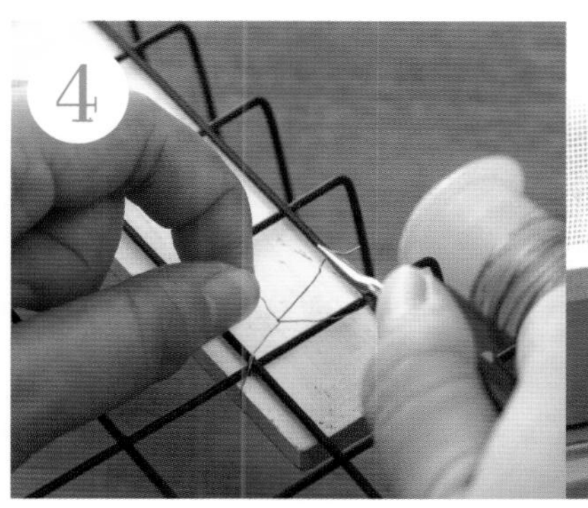

4 装饰。将刷色并写上字母的木板用铁丝固定在置物篮上，再将置物篮挂在墙上，并放上扦插分株后的植物，就是一个迷你的绿色墙面。

5 养护。扦插完的植物须放在阳台上阳光不直射的环境中，并根据不同植物的需求适当给予水分。

小提示

- 打造一个小小的角落，可以选择使用相同的容器，如同系列的果酱罐、布丁杯、小烤盅等，看起来风格相同，完成后就是一方自然的清爽绿意了。

拥抱香草花生活

每天都在香草环绕中生活的莎拉，不假他人之手，从钉木板、刷油漆开始，一点一滴亲手打造了属于自己的手作小花园。停下脚步，一同分享香草生活家的花草布置小妙招吧！

香草杂货达人

莎拉

从一堂香草课开始，莎拉进入了香草世界中。她不仅热爱香草，也将香草带入料理和烘焙中，变成了生活的必需，并用杂货另辟了一个秘密基地，调和出幸福的生活空间。

香草生活~莎拉拉的幸福Garden博客：
http://tw.myblog.yahoo.com/blan-baking/
幸福花园杂货铺博客：
http://www.wretch.cc/blog/lovelygarden

三个重点学会低成本布置

重点

1. **就地取材融合植物和空间**——从花市买来的植物，想换个合适的容器，又不知如何搭配。其实可以视植物要摆放的空间就近寻找素材，如果要布置餐桌，用餐时的杯碗盘器就很适合当成配置的元素；如果是布置厨房，平常煮酱汁的小手锅、量杯都可以作为植物容器。一点巧思就能让植物轻松入住居家空间。

2. **组合盆栽增加视觉层次**——组合盆栽是居家花空间常见的应用方式，只要是生长特性相似的植物都可以种在一起，尤其是多肉植物，生长特性相似却有着丰富的形貌、丰腴可爱的样子，是许多爱花人的最爱，组合在一起变成组合盆栽再适合不过了。

3. **10元小物发挥改造力**——10元杂货是改造生活空间的实用好物，如果家里的可用素材不多，直接用10元小物组合也是个不错的方法，像是用现成的园艺小花插点缀花草，或是为盆器加上一点装饰，就能让质感大大提升。

❶装在小手锅里的常春藤，和厨房的氛围很相配。

❷将不同的多肉植物种在一起，像不像一盆可口的肉肉点心？

❸在藤圈中间挂上心形木片，用热熔胶固定在花盆上，独一无二的风格花盆就完成了。

方案一

可爱的多肉小花园

种类繁多、姿态丰润的多肉植物，应该是近几年最受爱花人青睐的热门植物了，尤其是应用在组合盆栽上，性质相似却有着不一样的叶色和样貌，群聚在一起格外俏皮可爱，再用大小不同的烤盅做盆器，生活感就更加浓郁了。

清单

适合空间（全日照）

阳台 ○	窗台 ○	客厅 X
浴室 X	卧室 X	

五步改造花空间 | 分区空间解析（示范以A区块为主）

A 将分株后的10厘米花盆的多肉植物取三朵分株植入大烤盅里，并在表面铺上小白石。
B 将分株后的10厘米花盆的多肉植物取一朵和其他两盆3厘米花盆的多肉植物一同放入中烤盅里合植，在表面铺上小白石固定。
C 将3厘米花盆的多肉植物直接脱盆植入小烤盅内，同样在表面铺上小白石。

准备

多肉植物、发泡炼石、小白石、培养土、烤盅

1 植物选择。多肉植物种类繁多、样貌各异，除了3盆20元的10厘米花盆多肉植物，也可以选购6盆20元的3厘米迷你盆加入作搭配。

2 介质处理。为了增加透气性和排水性，在移植入无洞容器前，要先铺上发泡炼石再铺土。

3 分株。许多多肉植物都会生出子株，可以用手或刀片分出一株一株带根的子株。

4 风干移植。为了避免切口感染，须先风干后再植入容器中。在空隙间补土固定，并将3厘米深小花盆迷你多肉植物移盆放入小烤盅作搭配，一个丰富的多肉小花园就完成了。

5 养护。为了增加清洁感，可在表面再铺上一层小白石，也有助于固定多肉植物较浅的根系。多肉植物通常不需要太多的水分，只要有充足的日光就够了，是标准的懒人植物。

小提示

- 许多多肉植物在母株发育成熟时，会从植株基部开始萌生新芽，长出许多新的子株，有时候买一盆就能分出好几盆，非常经济实惠。

方案二

墙面的花草调味

想让家里处处都有花草的足迹，即使是厨房也想植入绿意。一般中式厨房因为空间小、油烟多，所以不建议放入植物；但如果拥有一个开放式的厨房，植物有足够的空间呼吸，不妨放入较耐阴的植物和盆花增色调味吧。

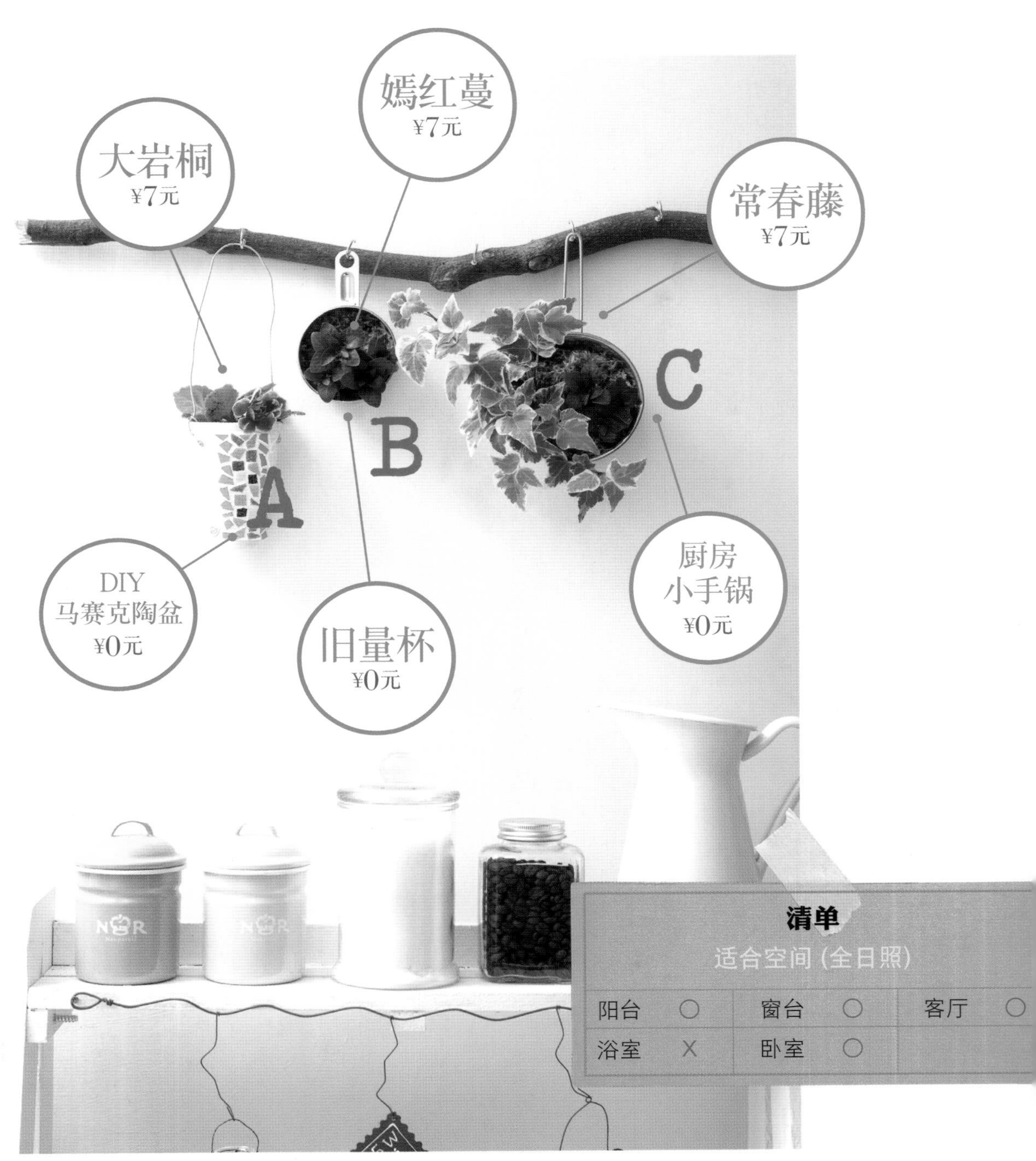

清单

适合空间（全日照）

阳台	○	窗台	○	客厅	○
浴室	X	卧室	○		

五步改造花空间 | 分区空间解析（示范以B区块为主）

A 将旧陶盆刷上白漆并贴上马赛克，用铁丝穿过两边做成提把，并将植物移盆植入，挂在墙面上。

B 将植物分株为二后，用拧干的水苔包覆根部，直接放入旧的量杯里，挂在墙面上。

C 较大的厨房小手锅可放入1盆10厘米深花盆植物和分株后的植物，一样用水苔包覆根部，直接放入手锅中并在空隙处塞满水苔，同样挂在墙面上。

准备

观叶植物和盆花植物、水苔、小手锅、量杯、DIY马赛克陶盆

植物选择。常春藤、嫣红蔓都是适合放在室内的观叶植物，如果希望在室内也可以看到花朵，则可以配上大岩桐、非洲紫罗兰等较能适应室内环境的植物。

分株。为了配合小手锅和量杯的大小，可将观叶植物一分为二，一半放入量杯中，另一半放入小手锅中。

介质处理。植物在室内摆放要保持清洁感，可将水苔浸水后拧干，包覆根部。

摆放。直接将包覆好水苔的植物放入量杯中，并在空隙处塞入水苔，小手锅里同样放入包覆好水苔的植物，盆花植物则可以用现成的容器套盆。

养护。水苔有极佳的保水性，可以摸一摸或掂掂重量，发现变轻了再喷水即可。

小提示

● 要在室内构建一个有花有草的空间似乎不太容易，其实只要掌握好植物的特性，配合花叶的颜色，选择适合的植物，一样能打造出一个室内小花园。

第四章 挑战——五堂维护花草的必修课

在大自然中生长的植物，想要健康成长，
一定要有充足的阳光、空气和水分。
如果想将植物带进家中打造自己的居家小花园，
就必须给植物提供适当的日照、
流通的空气、恰当的温湿度及足够的养分。
让我们认识适合居家种植的小花草，并学习如何照顾它们吧！

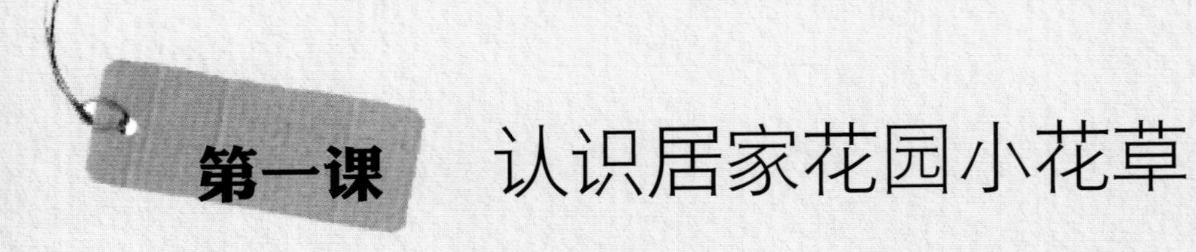

第一课 认识居家花园小花草

从花市精心挑选了几盆植物，打算点缀居家空间，让居家生活绿意盎然、天天新鲜。

没想到，才过了十几天，就发现买回来的植物在家里住不惯，慢慢发黄枯萎而不再美丽了，真叫人沮丧。

千万别因此而气馁。其实，每种植物对光线的需求和喜好都不一样，只要注意居室的朝向，掌握受光位置，根据不同条件选择适合的植物，摆放在正确的位置，并给予适当的光线和水分，必定能养出健康的植物，让生活充满绿意。

阳性植物（全日照）

原本生长在没有树木遮阴的全日照环境中。这类植物喜光，日照越充足长得越好，日照不足了便垂头丧气，所以此类植物的日照时间每天至少要6小时。

观花植物，如草花类、球根花卉类大多数属于阳性植物，**原生于沙漠或干燥环境的仙人掌和多肉花卉植物以及香草植物和水生植物，也都需要充足的阳光。**

▲ 香草植物，如薄荷，需要全日照的环境。

▲ 金丝菊要有足够的阳光才会开花。

中性植物（半日照）

介于阳性植物与阴性植物之间。这类植物原本生长在山坡上、森林边缘或是有些许阳光洒落的林间，适合半日照环境。

中性植物对光线的适应能力比较强，在强光下或阴暗处都能生长。大部分的观叶植物及一些在室内开花的盆花植物，只要有间接的日照就能生长。不过如果希望花开得更艳丽、叶子的纹路和颜色更鲜明，还是要有足够的日照。

▲ 球兰生长强健，很适合半日照环境。

▲ 彩叶草可以在半日照的环境中生长，如果希望叶子的斑纹更明显，还是要适时加强日照。

阴性植物（耐阴）

原本生长在茂密的森林中，所以只能接收到很微弱的光线，因此这类植物可以忍受非常阴暗、潮湿的无日照环境，如果直接被强烈阳光照射，反而会灼伤、脱水甚至枯萎，蕨类植物就是其中的一种。

黄金葛、长春藤等植物适合生长在半日照或阴暗的环境中。长青的绿叶植物适合作为绿化生活的第一步，也是忙碌的都市人室内栽培的好选择。

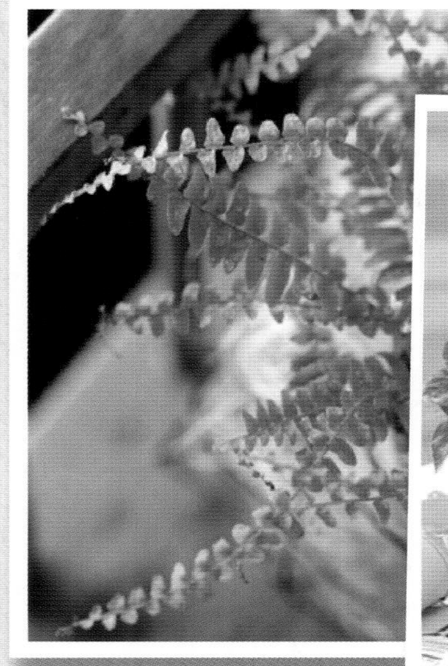

▲ 波士顿肾蕨

▲ 生命力强的黄金葛可以在阴暗的环境中生长。

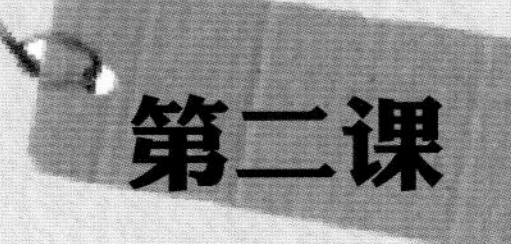

选对空间和光线，植物好旺盛

认识了植物的特性，再来了解居家空间内的光线强弱。

找一个晴朗的白天，从大门前的玄关走到窗边，仔细感受室内的光线变化。

你会发现玄关处感觉比较阴暗，越走近窗台边就越明亮。其实室内的每一处光线都不一样，按照光线强度的不同，为每株植物找到最合适的位置，打造属于自己的缤纷居家小花园吧!

客厅中央离向阳的窗户1.5～2米处，光线弱一些，属于阴凉的环境，是中性植物栖身的好地方。

在沙发前的大茶几上，可以放一盆正值花期的观花植物，增添家中的色彩。如果空间够大，还能种植一两株中型或大型的盆栽，增添客厅的绿意。

距离向阳的窗户超过2米，光线最微弱，属于无日照的阴暗环境。可以种植耐阴植物，或在地上摆一两盆马拉巴栗之类的木本植物，以绿意打亮角落，就能使居家氛围更显明亮开阔。

也可以定期将植物换换位置，给植物做做日光浴，有助于植物的生长。

窗台边

离向阳的窗户1～1.5米处的矮柜和茶几等家具上，光量约为阳台、窗台上的3/4，日照多被百叶窗、窗帘或户外的树木遮挡，进入室内的是明亮的漫射光，可摆放一些只需要半日照的中性植物。

虽然靠窗，但如果窗外的光线本来就较弱的话，就须要选择较耐阴的植物了。

浴室里的湿度大，最适合喜湿耐阴的蕨类植物生长。蕨类植物有羽毛般的复叶，造型别致可爱，没有压迫感。

除了蕨类，浴室里适合摆上几盆长春藤、万年青或黄金葛等水栽植物，既具有清洁感，又能存活得久。不过因为浴室的温差很大，还是以干湿分离的浴室为宜。

阳台上

在光线最充足的阳台上，当然要摆上热爱光线的阳性植物啦！阳台未必像顶楼一样可以直接接触到光线，阳光通过窗台照入，强度约为户外的2/3，光线直接照在植物的表面，帮助阳性植物蓬勃生长。

不同朝向的阳台特性也不大相同：南阳台的日照条件最佳，具备植物生长最优良的环境；北阳台的日照条件相对较差，必须很有技巧性地挑选植物。

东向和西向阳台分别是上午和下午才照得到阳光。西阳台有西晒的问题，叶片太薄的植物禁不起西晒，面对下午毒辣的阳光，最好选择耐旱好阳的植物。

第三课 浇水也有大学问

时时关注植物，一天浇三次水，有可能因为水分过多，使植物烂根窒息而死；常常忙到忘记浇水，让植物干枯，也会危及植物的生命。到底什么时候该浇水，又要浇多少水才合适呢？

其实，植物的原生地可能并不一样，有的本来住在沙漠里，不需要太多水分；有的住在湿地附近，需要多一点灌溉。每种植物的叶片大小也不一样，厚一点的叶子利于储存水分，而薄一点的叶子容易散失水分。所以，浇水量的多少并没有一定之规，必须经过不断观察与尝试，累积经验，才能将家中的植物照料妥当。

在这里给大家提供一些基本原则，可以遵循这些基本的理念为植物补充水分。

选对浇水时机

一天到底要浇几次水？一年365天浇水的频率都一样吗？这两个问题没有标准答案。

简单来说，在夏天炎热的天气里，通常可以为植物多补充一点水分；而进入冬季后，许多植物生长速度变慢，甚至进入了休眠期，无法快速消耗水分，所以得少浇一点水。如果还是摸不清浇水的准确时机，有一个基本原则——干了才浇。

该如何辨别植物是否须要浇水呢？有以下两个简单的方式：

用眼睛观察。当土壤从湿润变得干燥，原本油亮的叶子变得暗淡，或是叶子变得萎软打蔫时，就得赶紧浇水。

用手触摸。将手指伸入土里约两个指节的深度，感觉到干燥，就表示植物需要水分了。也可以用手掂掂重量，发现盆栽变轻，也是缺乏水分、须要立刻浇水的重要信号。

注意浇水方法

拿尖嘴浇水壶，靠近叶丛遮住的土壤表面，缓慢而均匀地浇水，直到水从花器底部的排水孔漏出来即可停止。让浇水壶的长嘴尽量靠近培养土，不要弄湿叶丛，以免叶子腐烂或产生斑点。

为植物浇过水后，要将托盘里的积水倒掉，以免根部积水或滋生蚊虫。

叶片较薄的植物可用喷水的方式使叶片保持湿度，叶子也会比较青翠。

急救SOS

有时候一忙起来，顾不上照顾植物，当植物已经干到软趴趴时，就不能用一般的浇水方式了，急救严重失水的植物，须让植物泡泡水。可以直接将整个植株浸在水里，等到完全没有气泡，也就是土壤中间的空隙完全被水填满之后，马上拿起来滴干。

为了增加植物的存活力，可以修剪一下叶片，暂时放在阴凉处，以减缓水分蒸发的速度。

危险信号清单

水分过多	水分不足
• 植株下方的叶片**黄化**并脱落	• 植株下方的叶片**干枯**、掉落
• 叶片上出现**黑色腐坏区**	• 叶片上出现**褐色的小斑点**
• **新叶柔软**且颜色很淡	• **叶片干枯**，就快掉光了
• 多肉植物的茎**变得膨大**	• 多肉植物的茎**变得萎缩**
• 盆土表面**出现苔类或霉菌**	• 盆土**结成硬块**

第四课 加强营养补给，要选时机

植物生病了，懒洋洋的没有生气，是不是该赶紧施肥救它一命呢？

且慢！肥料不是救治植物的良药，马上使用反而会给植物更大的负担。在施肥前，还是要先找出植物生病的原因，等到恢复健康再来施肥。一般来说，刚买来的或刚换盆的植物不要立刻施肥，因为培养土里已经含有许多矿物质，可为植物提供2～3个月的营养。

如果发现植物一直营养不良，看起来个头瘦瘦小小的，叶片颜色变浅、变黄，不开花或是花朵掉落，这时就真的需要照料和施肥了。事实上，大多数植物只需要在生长活跃期施肥，在气候较冷的休眠期里则不需要太多的养分，不过怎样施肥才能让植物更健康地成长呢？

认识肥料

肥料的成分

肥料	效用	适用植物
N=氮	制造叶绿素，帮助叶子和幼苗生长	观叶植物（特别是在生长季之初）
P=磷	照顾根部及花苞健康，持续供应磷肥还能增加花朵的数量	开花植物
K=钾	巩固细胞壁，使根、茎长得更粗壮，也能促进植物开花结果，对多肉植物或准备开花结果的果树尤其重要	所有植物

市售肥料的种类

缓效性肥料——颗粒药丸或长条栓剂等固态性肥料。放进土壤里，缓效性肥料会根据湿度和温度的变化，慢慢释放出营养让植物吸收，效果能维持3～6个月。

用途 通常在播种、小苗上盆或植株换盆时施用，又称为基肥，为植物提供整个生长期间所需要的肥料。只要在盆器里铺一层土，然后施入基肥，再往上填一层土，就完成基肥的施用了。

速效性肥料——水溶性粉末、结晶体等，包括水溶性肥料及浓缩的液态肥料。

用途 速效性肥料使用方便，一般用于追肥，也就是植物生长发育期间追加的肥料。要根据植物的类型及生长情况选用，速效性液态肥料能迅速地被植物吸收，也适用于长久缺乏养分的衰弱植物。

不过，一定要遵照使用说明加水溶解或稀释肥料，再适量喷洒于叶子上或浇到土里，千万不能给肥过多，否则会给植物造成负担和伤害。

速效性
肥料施用方式

先将肥料加水溶解或稀释，一定要按照包装上的使用说明操作，才不会导致肥伤。

将配制好的液态肥料用尖嘴浇水壶直接浇在土壤表面即可。

使用颗粒固态肥料，可以避开花叶直接放于土表，一定要远离植物的根部，才不会让肥料里的养分集中在一处而烧伤根部，危害植物的健康。

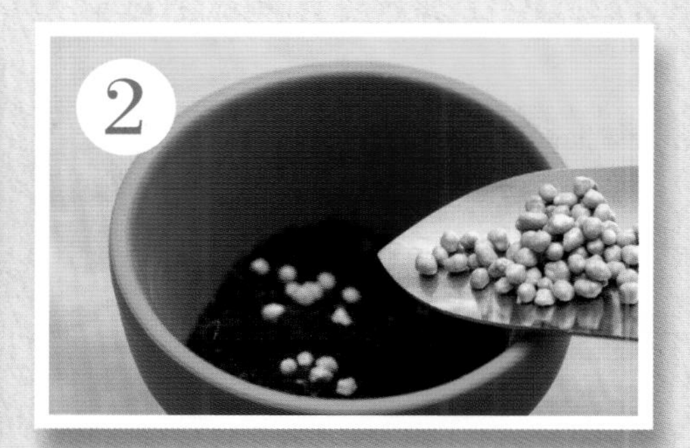

也可以趁着换盆的时候在盆底施放。

第五课 停！病虫害止步

学会了正确的浇水、施肥方式，也将不同的植物摆放在合适的位置了，还要注意病虫的防治，这是一门关系植物生长的大学问，毕竟没有人希望家中被小虫入侵、占领吧。

拒绝小虫侵门入户，要从购买植物时做起，如果不幸发现小虫已经住在植物上了，也不用紧张，只要按照下面的步骤做，你就能妥善防治虫害、保护植物。

购买前检查

购买植物时，可以利用一些原则好好检查，以免带着生病或长虫的植物回家。

选择茎叶强壮、坚挺并具有光泽的植物，不要选择茎叶连接处有裂缝或茎叶上有大伤口的植物。

翻到叶片的背面，仔细看看是否有小虫。

检查植株下方是否有黄叶或堆积落叶，因为落叶不清除可能会发霉，为植物带来病害。

如果发现植株下方有枯叶堆积或靠近根部处藏有黄叶就不宜购买了。

平常勤照料

平常就应该定期、适量地施肥和浇水，并保持室内通风，合理日照，以增强植物的抵抗力。另外，也要时常修剪植物，除掉枯枝、病枝和长得太密的枝条，这对于预防病虫害都有很好的效果。

平时定期修剪残花和枯老的叶子，保持植株的健康。

生长旺盛的植物要适时修剪过多的枝叶并经常通风，可预防病虫害。

有病征的枝叶一定要马上修剪掉，并立刻销毁、消毒，以免传染到别的植物上。

定时清理靠近根部的落叶和残根，以免发霉而滋生病菌。

保持植株的清洁，可趁浇水时冲掉叶片上的灰尘和脏东西，或轻轻擦拭叶子的表面以去除灰尘。

抗病虫大作战

平常也要留心观察植物，如果发现植株的茎叶或根部有明显的裂缝、斑点、粉状物、溃烂部分，或发现植株上有虫的排泄物、黏液甚至有虫子的活体，那就表示可能要发生病虫害了。

确定植物发生了病虫害，就要施行“作战计划”了。

首先进行隔离，避免传染。然后检查病虫害的程度，如果有病虫害症状的部分少于全株的1/3，可以喷洒药剂；如果有病虫害症状的部分多于全株的1/3，建议将植株焚毁，并对病株的盆土和盆器进行消毒。

病虫害**检查**

不明黏液。叶背或叶梗上的不明黏液，可能是虫走过的痕迹，要特别留心。

粉虱。该虫害容易发生在通风不良处，粉虱喜好干燥的环境，可以用水驱赶或施用药剂。

蚜虫。常聚集在茎、叶背和花苞上吸取汁液，最简单的办法是用手捏死，也可以用天然驱虫剂驱赶。

想根除小虫，除了用药剂外，发挥自然界生物平衡的作用也是个小妙招，像螳螂这种肉食性益虫，是害虫的天敌，可千万别错杀益虫哦!

天然防治DIY

虽然药剂是对付小虫的利器，不过经常使用药剂对身体不好，也会让病虫产生抗药性，从而使药剂失去效力，给你增添不少烦恼。

当然最天然的方式就是人工捉虫，部分比较大的虫子，如毛虫、椿象、金龟子，可以直接抓除。也可以试着用大蒜、辣椒和肥皂等常见的材料制作天然的驱虫剂驱除虫害。

自制无毒驱虫剂

准备50克辣椒和500毫升清水。

辣椒去梗后和水一起放入榨汁机中打匀。

拌好的辣椒水用滤网滤掉沉渣。

再将辣椒水以1：1的比例稀释，倒入喷壶中，冷藏可保存约1周。

使用时对准虫子喷洒，只要浓度够，对驱除虫害有非常显著的效果。

图书在版编目（CIP）数据

5盆20元打造居家小花园／绿活志编辑部编著．—郑州：河南科学技术出版社，2012.6

ISBN 978-7-5349-5577-8

Ⅰ.①5…　Ⅱ.①绿…　Ⅲ.①花卉－观赏园艺　Ⅳ.①S68

中国版本图书馆CIP数据核字（2012）第071649号

出版发行：河南科学技术出版社
地址：郑州市经五路66号　邮编：450002
电话：(0371) 65737028　65788613
网址：www.hnstp.cn
策划编辑：刘　欣
责任编辑：葛鹏程
责任校对：柯　姣
封面设计：水长流文化
印　　刷：北京瑞禾彩色印刷有限公司
经　　销：全国新华书店
幅面尺寸：190mm×240mm　印张：6　字数：200千字
版　　次：2012年6月第1版　2012年6月第1次印刷
定　　价：28.00元

如发现印、装质量问题，影响阅读，请与出版社联系。